双碳战略视角下中国造纸产业循环发展与碳减排效果研究

赵晓迪　著

中国林業出版社

图书在版编目(CIP)数据

双碳战略视角下中国造纸产业循环发展与碳减排效果研究 / 赵晓迪著. —北京：中国林业出版社，2021.10
ISBN 978-7-5219-1331-6

Ⅰ. ①废… Ⅱ. ①赵… Ⅲ. ①废纸利用-影响-造纸工业-二氧化碳-减量化-排气-研究-中国 Ⅳ. ①X511

中国版本图书馆 CIP 数据核字(2021)第 173795 号

国家林业和草原局软科学项目“气候变化背景下全球原木碳减排潜力与分配机制研究”(2020131012)
国家林业和草原局草原监督管理行业专项“开展草原自然公园试点情况调查评估”(2130236)

责任编辑： 何鹏　徐梦欣

出版 中国林业出版社(100009 北京西城区刘海胡同 7 号)
E-mail hepenge@ 163. com **电话** 010-83143543
发行 中国林业出版社
印刷 三河市双升印务有限公司
版次 2021 年 10 月第 1 版
印次 2021 年 10 月第 1 次
开本 710mm×1000mm 1/16
印张 13. 25
字数 230 千字
定价 95. 00 元

前　言

造纸业是国民经济的重要产业，中国纸制品生产和消费量均为世界第一。作为造纸纤维原料匮乏的国家，2020 年，中国再生木浆[①]占纸浆消费总量的 65%，废纸已经成为中国造纸产业的主要纤维原料。同时，造纸产业位列四大高耗能高污染产业之首，面临着严峻的减排压力，废纸的回收利用成为造纸产业碳减排的重要出口。在此背景下，厘清废纸回收和利用对造纸产业碳减排的影响对我国履行“2030 碳达峰、2060 碳中和”的国际减排承诺、践行绿色发展新理念、推进产业低碳发展具有重要的理论和实践价值。

本书分析了中国造纸产业废纸回收、利用和碳排放的变化趋势，检验了废纸回收和利用是否有效促进碳减排，模拟了废纸回收利用政策的碳减排效果并给出政策建议。研究中采用了世界林产品贸易模型（GFPM）和纸制品生命周期模型（LCA）模拟了造纸产业的回收利用和碳减排情况；利用时变参数模型和 NARDL 模型从动态变化趋势和非对称性两个方面分析了废纸回收与利用的碳减排效果；并用蒙特卡洛模拟的方法计算了未来 10 年废纸回收率、利用率和碳排放的分布。研究结论：一是中国废纸回收和利用率的变化趋势呈现“S”型，在 2017 年前呈现快速增长的趋势，此后增长速度趋缓；单位纸制品消费中的损耗率下降，回收周期缩短。中国废纸的回收利用能力持续提升。二是未来中国造纸产业的碳排放总量仍将随着纸制品需求量的增加而上升，疫情暂时减缓了碳排放量的增长速度，但并未改变其变化趋势；从单位纸制品碳排放量来看，单位纸制品生产和消费的碳排放量在 2017 年左右就达到了峰值，2020 年后将呈现缓慢下降的趋势。三是废纸回收率具有显著的碳减排效应，其边际效果随时间呈现递减趋势；废纸利用率的碳减排效应并不显著，在一定情况下甚至可能增加了碳排放量。废纸回收与利用的乘数效应也印证了该观点，即废纸回收率上升会降低碳排放量，而废纸利用率上升则会增加碳排放量。四是全面禁止废纸进口政策将会降低废纸回收率和利用率，增加造纸产业碳排放；废纸回收技术进步可以有效提升废纸回收率和利用率，降低造纸产业碳排放。

---

① 再生木浆：以废纸做原料，将其打碎、去色制浆经过多种工序加工生产出的纸浆。

本书主要分为八个章节，第一章全面梳理了废纸回收利用问题的国内外研究现状，评述了废纸回收利用与碳减排的关系，导论部分介绍了问题提出的背景以及该研究的价值与意义。第二章首先基于循环经济和一般均衡理论完善了纸制品生命周期过程，并以此为基础构建了本研究的理论分析框架。第三章介绍了世界范围内纸制品生产、消费和回收利用的现状，对国内外废纸回收利用与贸易情况进行了分析，对一些相关概念作出说明。第四、五章以纸制品生命周期过程为依据利用 Kyock 模型估计了废纸回收率、损耗率和回收周期为仿真模型提供参数，构建了 GFPM 和 LCA 的组合模型并对其预测能力进行历史模拟评价，利用模型预测了在 COVID-19 背景下 2020—2030 年废纸回收、利用和碳排放变化的趋势。第六、七章从动态变化趋势和非对称性两个方面检验了废纸回收与利用是否具有碳减排效应，并对全面禁止废纸进口和回收技术进步政策的碳减排效应进行了模拟。第八章介绍研究得出的主要结论，并提出多种废纸回收利用的政策建议以助实现造纸产业碳减排目标。

本书是国家林业和草原局 2020 年软科学项目“气候变化背景下全球原木碳减排潜力与分配机制研究”的重要成果。在研究写作过程中，北京林业大学经济管理学院温亚利教授、谢屹教授、程宝栋教授、李凌超副教授，中国林业科学研究院林业科技信息研究所王登举所长、王彪书记、叶兵副所长、王忠明副所长、何友均研究员、陈勇研究员、期刊部高发全主任、刘丹老师等多位专家在百忙中为本研究提供悉心指导；在课题调研过程中，得到了国家林业和草原局绿色时报社陈绍志书记，规财司陈嘉文副司长、付建全处长、那春风处长、刘建杰处长，人事司李剑锋处长等多位领导的大力支持，为本课题研究提供了大量宝贵的资料，值此书出版之际，向他们表示衷心的感谢！

在写作过程中，作者虽然参阅了大量国内外相关文献，咨询了多位国内外行业内专家，付出了艰辛努力，但由于碳减排问题的复杂性以及作者自身学术水平和认识上的局限，书中难免有疏漏或错误之处，敬请各位读者批评指正！

著 者

2021 年 4 月

目　录

1

导　论

1.1 研究背景及动因

1.1.1 中国碳减排压力不断增加，造纸业首当其冲

气候变暖是全球面临的严峻环境问题之一。2018 年 10 月，联合国政府间气候变化专门委员会(Intergovernmental Panel on Climate Change，IPCC) 发布报告，强调了将全球温升控制在 1.5℃的新目标，对全球碳减排提出了更高的要求。习近平主席在 2015 年 11 月气候变化巴黎大会开幕式上的讲话中承诺："中国将于 2030 年左右使二氧化碳排放达到峰值并争取尽早实现，2030 年单位国内生产总值二氧化碳排放比 2005 年下降 60%~65%"。2020 年 9 月 22 日，习近平主席在第 75 届联合国大会一般性辩论上发表重要讲话再次宣布，"中国将提高国家自主贡献力度，采取更加有力的政策和措施，二氧化碳排放力争于 2030 年前达到峰值，努力争取 2060 年前实现碳中和"。这样一个具有雄心的目标体现了中国在环境保护和应对气候变化问题上的负责任大国担当。多年来，造纸业的废水量和 COD 排放量占我国工业行业两个第一，一方面每生产 1 吨纸制品大约消耗 5~17 吉焦热能，造纸产业的能源消耗可以跟钢铁这样的能源密集型产业媲美；另一方面，造纸所需的纤维原料主要来源于木材和其他纤维原料，这些资源多被认为是碳中性①，事实上，在我国当前的技术条件下，只有少量木浆在作为纤维原料时实现了碳排的"自给自足"，大部分纤维原料在造纸过程中仍存在巨大的碳排放。作为同时具备高能耗、高排放的头号污染行业，造纸产业面临着更为严峻的减排降耗挑战。

---

① 碳中性就是要求碳排放可以达到零，即不排放任何的温室气体。

1.1.2 废纸已经成为中国造纸产业的主要纤维原料

随着经济的快速增长，我国人均纸制品消费持续大幅增加，中国已经成为世界纸制品生产和消费大国。到2018年中国纸制品消费量达到10531.7万吨，是2000年的3倍，1970年的43倍（FAO数据库，2019）。中国造纸产业的主要纤维原料为木浆、草浆和废纸，由于国内森林资源稀缺导致木材供给能力无法满足造纸产业发展需要，木浆在造纸纤维原料中的比例只占24.8%，2000年后年均木浆进口量为977.8万吨，对外依存度为64.5%，可见中国造纸的纤维原料结构与发达国家以木浆为主的结构有着显著的区别（FAO，2019）。草浆曾是中国重要的造纸纤维原料来源，2000年时草浆在整个纤维原料中的比例约为33.7%。但由于草浆造纸企业一般规模较小且污染严重，在国家严格控制环境污染等政策影响下，到2018年该比例下降到11%。因此，废纸成为我国造纸产业的主要纤维原料，1970年中国废纸浆只占纸浆消费总量的14.7%，到2016年该比例提升到64%。废纸已经成为且将持续作为中国造纸产业的主要纤维原料。

1.1.3 国内废纸回收与利用能力有待进一步提升

中国是世界市场的废纸主要进口国，2000年中国废纸的对外依存度为26.1%，到2016年已经达到36.0%；2000—2016年年均废纸进口量为2056.8万吨，约占世界废纸贸易总量的50%左右（Xu，2017）。为降低废纸进口中大量夹杂洋垃圾、污染物和有害物品带来的环境污染，中国政府自2014年以来针对废纸进口采取了一系列的管控措施。2014年12月出台《废物进口管理办法》，把废纸列为被限制进口的对象；2017年8月发布《进口废物管理目录》，规定未经分拣的废纸从限制进口调整为禁止进口；2017年7月颁布《禁止洋垃圾入境推进固体废物进口管理制度改革实施方案》，明确从2021年起，我国将全面禁止固体废弃物进口。自此，我国进口废纸数量急遽下降，国内废纸在造纸纤维原料中的比重逐年上升，2018年国内废纸消费量占废纸总消耗量的83%，国内废纸回收率也从2000年的29.5%提高到2018年的48.21%（FAO，2019）。然而，中国废纸回收率与发达国家70%以上的平均回收比例仍有较大差距（Beukering，2001）。中国当前的废纸回收能力依然不能满足国内造纸产业发展对纤维原料的需求，废纸回收和利用水平有待进一步提升。

基于以上背景，本研究认为废纸回收和利用是满足中国造纸产业纤维原料供给稳定与安全需求的关键，同时废纸回收和利用能够通过对原木木浆的替代作用减少对森林资源的采伐达到降低能源消耗和碳排放的目的，可以成为高耗能造纸产业应对气候变化问题的重要举措。另一方面，随着技术的进步，化学木浆的制浆过程中对黑液中能源回收量大幅提升，占木浆比例最高的化学木浆的制浆过程的能源消耗要低于废纸，所以过度使用废纸制浆可能引发能源消耗的增加进而增加碳排放。而中国造纸的最主要纤维原料就是废纸，过度使用废纸制浆将抵消回收的碳减排效果进而增加碳排量。因此，在废纸回收和利用对造纸产业碳排放复杂的关系下，厘清现阶段中国废纸回收和利用是否具有碳减排效果，对实现习近平总书记提出的碳减排目标具有重要的价值。同时，废纸回收和利用与碳排放存在复杂的非线性关系，对其内部复杂的经济学和物质转换关系的分析，将更深入理解造纸产业废纸回收和利用形成的动因，科学的理解其对碳排放的影响。

因此，为了掌握废纸回收和利用对中国造纸产业和碳排放的影响，需要通过对纸制品的生命周期特点进行分析，确定中国废纸回收和利用的潜力；对包含森林资源、造纸产业、纤维原料和纸制品贸易的复杂反馈关系进行建模，从而判断废纸回收利用对造纸产业碳排放的影响，以及回答目前废纸回收利用的主要政策对减少造纸产业碳排放的政策效果。本研究拟解决以下关键问题：废纸回收和利用能否在满足纸制品需求增长的同时减少造纸产业的碳排放？废纸回收和利用，对造纸产业碳减排的影响机制如何？施加了不同的政策条件后，其作用机制会发生何种变化？

1.2 研究目的与意义

中国造纸产业的发展面临多重挑战：经济的增长引发纸制品的需求持续增长，中国木材供给能力不足导致原生木浆作为造纸纤维的供需矛盾仍然非常严峻；废纸成为中国最主要的纤维原料，中国是世界最大的废纸进口国，2017 年后愈发严格的废纸进口政策引发了废纸的供需矛盾；同时，造纸企业作为高耗能和高污染企业面临着严峻的减排压力。本研究试图利用系统的观点从全产业链的角度解释废纸回收对产业和生态的复杂传导关系，并对造纸产业更好地节能减排以及应对全球气候问题提出政策建议。

本研究分析中国造纸产业废纸回收利用和碳排放的变化趋势，检验废纸回收利用是否能实现碳减排，模拟废纸回收利用政策的碳减排效果并给出政策建议。根据总的研究目标又可以分为以下具体目标：准确计算废纸回收率，以及影响回收的损耗和回收周期；预测在 COVID-19 背景下中国造纸产业的发展趋势，并计算从2020—2030年废纸回收使用和碳排放情况；分析废纸回收利用对造纸产业碳排放的影响，检验废纸回收利用是否存在碳减排效应；最后，分析主要政策对造纸产业碳减排的影响并给出政策建议。

研究的理论意义在于：首先，从全产业链的角度重构了纸制品的生命周期过程，细化了废纸回收过程和市场对废纸回收利用和碳排放的复杂影响；其次，利用kyock模型估计出较为准确的废纸回收率，尤其对废纸回收的周期和损耗率进行了较为准确的测量；第三，从系统的角度回答了废纸回收利用对造纸产业的能源消耗和碳排放的影响，不仅模拟了历史情况，还预测了至2030年废纸回收利用对森林资源变化、能源消耗和碳排放的影响。同时，本研究把世界林产品贸易模型（GFPM）和LCA模型有机地结合起来分析了中国造纸产业国内市场与国际市场、产业链上下游、物质间的转换等复杂关系，细致地分析了各个环节的能源消耗和碳排放，从一个全产业链的角度回答了废纸回收与利用对造纸产业碳排放的影响。

研究的实践意义在于：准确地计算了中国废纸的回收状况，并预测了未来10年的发展趋势，为政府和企业合理规划废纸回收能力、保障产业纤维原料供给提供了科学依据。同时，研究关于废纸对能源消耗和碳排放的预测结果，有助于政府、行业协会和企业采取有效措施在满足纸制品需求、推动产业发展的基础上实现资源的可持续利用和生态竞争力的提升。研究模拟了2021年全面禁止废纸进口政策和回收技术进步对造纸产业碳减排的影响，为政府的政策调整和优化提供了定量依据。

1.3 研究思路及内容

本研究从循环经济的视角分析了在复杂的市场均衡关系和物质转换关系下废纸回收、利用和碳排放的变化趋势，并以此为基础检验、估计废纸回收和利用对碳减排的效果，并回答了如何通过政策推动废纸回收与利用以减少碳排放。

首先，研究基于循环经济和一般均衡理论完善了纸制品的生命周期过程，并阐述了废纸回收和利用如何影响造纸产业碳减排；其次，利用Kyock模型估计了历史废纸回收率、损耗率和回收周期，为纸制品生命周期过程模型提供关键参数；然后，构建了GFPM和LCA组合模型并对模型进行了评价，利用该模型预测了未来十年中国造纸产业废纸回收率、利用率和碳排放的变化趋势；然后，从变化趋势和非线性两个角度分析了从1996—2030年中国废纸回收与利用的碳减排效果；最后，根据实证分析的结果，选取了全面禁止废纸进口和废纸回收技术进步两个关键政策分析了其碳减排的效果，并给出了政策建议。

根据上述研究思路，描绘出本书技术路线图(图1.1)

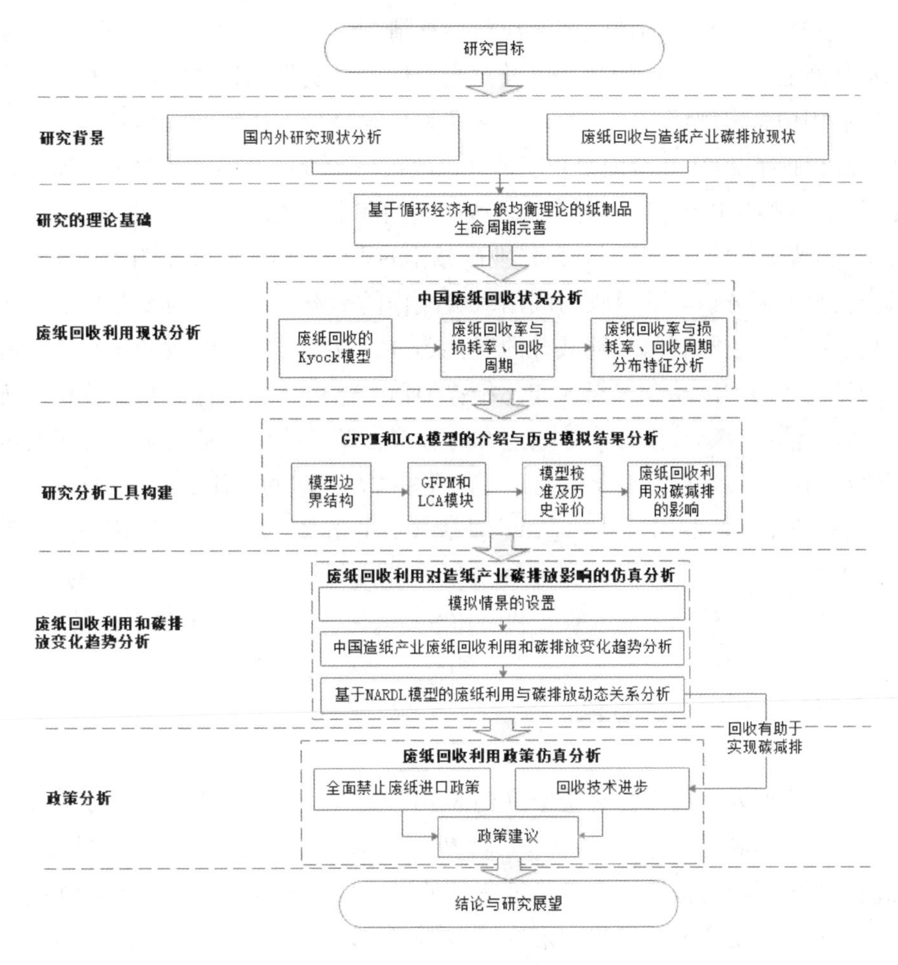

图1.1　技术路线图

研究的主要内容如下：

(1)中国废纸回收率、损耗率和周期的测算。废纸回收率是衡量回收能力和供给潜力的重要指标，已有研究的回收率采用了回收量与废纸消耗量的比值，该指标没有考虑回收过程中纸制品的损耗和存储因素，所以不能满足对废纸回收能力评价的要求。研究根据纸制品回收的过程的特点构建基于 kyock 模型的废纸回收率、损耗率和回收周期的测算模型，并利用卷积的方法估计模型并对模型参数进行稳定性检验；最后，计算废纸回收率、损耗率和回收周期的分布特征。

(2)废纸回收与利用对造纸产业碳排放量的影响预测。研究将 GFPM 与 LCA 模型组合分析中国造纸产业在新冠疫情背景下由纸制品的供需变化引发的造纸产业纤维原料的变化，以及对废纸回收与利用和碳排放的影响。研究分别利用仿真模型模拟了在悲观、基准和乐观情景下造纸产业的整体变化趋势，还模拟了 2021 年全面禁止废纸进口政策下造纸产业的变化趋势。研究得出了未来 10 年中国造纸产业废纸回收、利用和碳排放的发展趋势。

(3)废纸回收与利用对造纸产业碳减排的影响。研究从时变趋势和非对称效应两个方面分析废纸回收与利用对碳减排的影响。首先从时变效应的视角分析了废纸回收与利用对碳减排的变化趋势，以检验废纸回收利用是否具有碳减排的作用，以及该作用的变化趋势如何；然后从非对称的角度分析了废纸回收与利用对碳减排的乘数效应和总效应，基于非线性的视角回答了废纸回收与利用正、负双向变化的差异，以及减排总效应的特征。

(4)废纸回收利用政策对造纸产业碳排放的仿真分析。研究利用仿真模型模拟了贸易政策和回收技术进步对造纸产业废纸回收利用和碳减排的影响，并针对实证分析的结果从回收、利用和贸易政策三个方面给出政策建议。

1.4 研究的主要方法

研究主要采用局部均衡模型(GFPM)和 LCA 分析等实证分析的方法分析了废纸回收与利用对造纸产业碳减排的影响。研究还采用了定性的研究方法，以循环经济理论为基础，完善了纸制品的生命周期过程，并把市场均衡理论融到纸制品的生命周期过程中形成了本研究的理论框架。研究具体使用了以下研究方法：

(1)局部均衡模型的方法。研究利用 GFPM 模型完了造纸产业的模拟分析，并利用该模型预测了在 COVID-19 背景下中国造纸产业在纤维原料、纸制品市场和贸易模块的变化趋势；模拟了 2021 年全面禁止废纸进口对造纸产业的影响。研究在 GFPM 模型的基础上融合 LCA 模型，利用该模型分析了造纸产业废纸回收利用和碳排放的情况。局部均衡模型可以把经济学中的均衡理论与物质均衡理论有机结合，能更好地反映纸制品在整个生命周期过程中的碳排放。

(2)计量经济的方法。本研究主要采用了Kyock模型、卷积回归、时变参数回归和非线性自回归分布滞后模型(NARDL)。研究首先根据纸制品生命周期过程利用Kyock模型测算废纸回收率、损耗率和回收周期，并采用卷积回归的方法实现了对Kyock模型参数的动态求解，估计出时变的废纸回收率、损耗率和回收周期；然后，利用废纸回收和碳排放的历史数据和时变参数回归方法测算出废纸回收与利用率对造纸产业碳排放量的影响，判断出废纸回收与利用对造纸产业碳减排的时变效应；最后，利用历史和预测数据建立了废纸回收与使用和碳排放关系的NARDL模型，并利用模拟的方法计算了其乘数效应。

(3)统计模拟的方法。研究除以上定量研究方法还采用了如蒙特卡洛模拟等统计方法。研究在第四章对废纸回收率、利用率和回收周期分布的拟合上采用了蒙特卡洛模拟的方法；在第六、七章的废纸回收率、利用率和碳排放量的计算中也采用了蒙特卡洛模拟的方法。该方法为判断废纸回收、利用和碳排放的不确定性提供了依据，能更准确地回答废纸回收、利用和碳排放变化的分布特征。

2

国内外相关研究回顾与评述

研究首先从纸制品的生命周期过程入手分析已有研究构建的纸制品生命周期的特点；然后，对废纸回收率的计算方法进行介绍；此后，根据已有研究总结影响纸制品和废纸回收的主要因素；最后，综述造纸产业碳排放的相关研究发现。

2.1 相关概念辨析

本研究的对象是废纸回收、利用和造纸产业碳排放，涉及纸制品、废纸回收、废纸利用和碳排放等主要概念。

本研究所指的纸制品是根据 FAO 的标准，分为新闻纸、书写纸和其他纸及纸板，造纸的纤维原料为化学木浆、机械木浆和再生木浆，再生木浆是指利用回收的废纸制成的木浆。采用 FAO 的对纸制品和纸浆分类标准可以有效地区分造纸时所使用的纤维原料，而纤维原料的不同将导致造纸能源消耗和碳排放的差异，所以采用该分类标准可以更好地区分森林资源和能源消耗，简化纸制品生命周期模型的复杂程度。

本研究中的废纸泛指在生产生活中经过使用而废弃的可循环再生资源，包括新闻纸、书写纸和其他纸及纸板。衡量废纸回收水平的重要标准就是废纸回收率，其作为影响造纸产业碳排放的重要因素，是衡量造纸产业循环经济水平的主要依据。已有研究对废纸回收率有不同的定义，本研究在第四章利用 Kyock 模型测算了历史废纸回收率，在第六章利用 LCA 模型预测了未来十年的废纸回收率。

对回收废纸的利用有多种方式，其中作为再生木浆造纸仍是目前我国对废纸的主要利用途径，本研究中废纸的利用特指该种方式。废纸利用率是判断废纸在纤维原料中重要性的标准，该标准能衡量造纸产业的纤维原料结构特征。废纸利用率的计算方法较为简单，即再生木浆占造纸纤维原料总量的比例。

本研究中造纸产业碳排放是指在生产消费过程中由于能源消耗而生产的二氧化碳量，主要包含：造纸过程中的能源消耗产生的碳排放；废纸回收没有成为造纸原料而进行填埋产生的碳排放；废纸回收利用减少了森林采伐产生的碳汇量。造纸产业碳排放的计算方法详见第五章 LCA 模型的介绍。

2.2 废纸回收率的研究现状

2.2.1 纸制品的生命周期过程

纸制品的生命周期是废纸回收和碳排放分析的基础，此后，循环经济的概念被广泛应用，循环经济也认为在生产过程中应实现最小的资源消耗和最大限度的回收利用（Ellen MacArthur Foundation，2013）。废纸回收和造纸产业能源消耗和排放研究的基础是对纸制品的生命周期进行构建（Beukering，2001；Villanueva and Wenzel，2007；Melanie et al.，2017；Ewijk et al.，2018）。已有研究根据研究目的的不同，构建了纸制品不同的生命周期过程，如 Brunner 和 Rechberger（2004）、Melanie et al.（2017）等通过建立纸制品的生命周期过程判断纸制品的可回收性并定义废纸回收率和利用率，进而确定纸制品的回收潜力（Ewijk et al.，2018）；还有部分研究分析了整个或部分纸制品的生命周期过程中每个加工、运输、消费和回收过程，根据各个过程中的特点和工艺水平确定能源消耗强度并计算造纸产业的能源消耗和碳排放量（Villanueva and Wenzel，2007；Laurijssen et al.，2010）。因此，纸制品的生命周期过程是本研究的主要理论依据。

纸制品的生命周期（life cycle）是从原木及其他纤维原料→纸浆→纸制品→消费→回收的过程，已有研究在基本的纸制品生命周期过程，建立了多种复杂的废纸生命周期模型（life cycle model），如 CEPI（2013a，2013b）、Arena 和 Mastellone 等（2004）。图 2.1 概括了主要的纸制品生命周期模型，纸制品原料的起点是森林资源，对森林资源进行采伐和基本的机械加工形成了原木和木片，这两种中间产品是木浆生产的主要中间产品；然后，通过化学或机械的加工的方法生产出化学木浆和机械木浆，并加工生产成纸制品（新闻纸、书写纸、其他纸和纸板），因为造纸产业的主要能源消耗和回收过程都集中于制浆过程，所以该部分是造纸产业能源消耗和碳排放研究的主要关注点(Clift，2012；Dornburg 和 Faaij et al.，2006)；最后是纸制品消费和回收及再生木浆生产的过程，该部分主要反映了废纸回收过程，主要被用于废纸回收率和回收潜力的计算(Brunner and Rechberger，2004；Melanie et al.，2017；Ewijk et al.，2018 等)，还有部分研究分析废纸回收对造纸产业纤维原料构成变化的影响(Beukering，2001)和废纸回收在制浆过程中的能源消耗(Pati and Vrat，2006)。已有研究的相同之处在于都分析了从原木到回收的完整生命周期过程；不同之处在于根据研究目的不同，对生命周期过程中的每个部分细化程度存在较大差异。

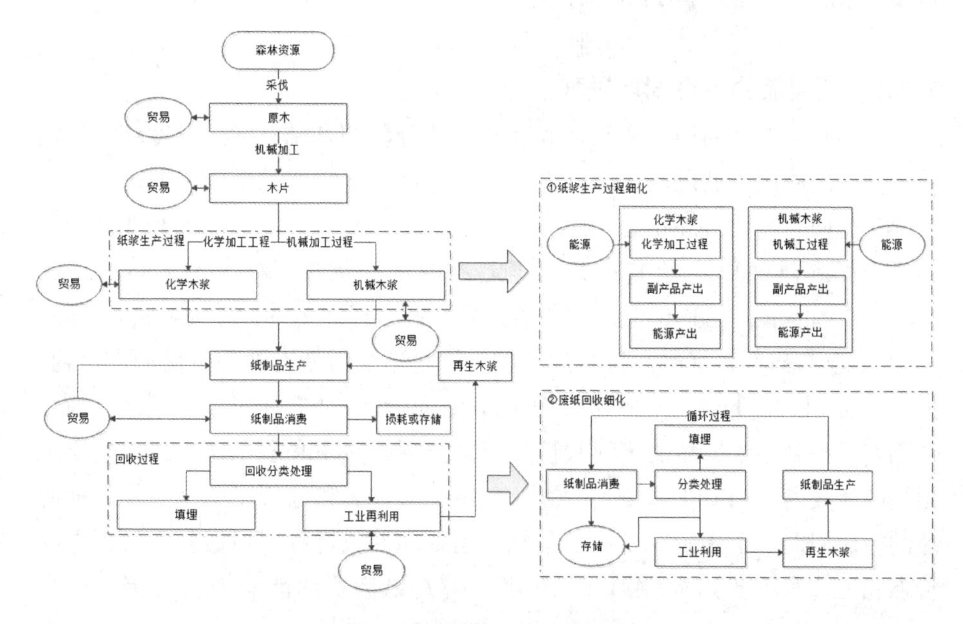

图 2.1　纸制品生命周期过程

已有关于能源消耗和碳排放的研究对生命周期过程的关注多集中于制浆和造纸过程，并对该部分进行了不同程度的细化(见图 2.1，纸浆生产过程细化)。Huang 和 Guo(2008)的研究从造纸工艺的角度分析了制浆和造纸过程中每个工艺流程产生的废弃物、有毒物质、能源消耗和能源生产，尤其对造纸过程的部分工艺流程的能源回收问题；Villanueva 和 Wenzel(2007)构建的纸制品生命周期过程也强调了制浆、造纸和回收过程的能源消耗细节，利用生产过程中能源消耗参数计算了造纸过程中的能源消耗；类似研究还有 Dornburg 和 Faaij 等(2006)着重强调了造纸过程中各阶段可再生的能源部分，Lopes 和

Dias(2003)和 Pati and Vrat(2006)的研究。已有研究对该部分细化的特点为：根据制浆的过程不同细化了制浆的主要环节；根据研究目的的不同较为详细地描述了在制浆过程中的能源消耗、生产和副产品；通过各个环节中的能源消耗和副产品计算碳排放量。

已有研究对纸制品的生命周期中另一个较为关注的就是废纸回收的部分。该部分主要对纸制品的分类处理、存储和填埋过程进行了细化。Brunner 和 Rechberger(2004)的研究在纸制品生命周期过程中考虑了不可回收部分，并认为不可回收的纸制品包括：部分生活用纸、书籍杂志、使用过程中损耗的纸制品等，该研究还对废纸在回收过程中的存储部分进行了探讨；Melanie et al.(2017)构建的生命周期过程对废纸的填埋过程进行了深入分析，计算了废纸填埋对能源和环境的影响；Virtanen 和 Nilsson(1993)研究的生命周期过程考虑了废纸多次回收过程中的损耗的关系，由于纸制品的回收次数一般为 3～5 次，所以从废纸向再生木浆的转变过程会形成一个非线性的转换过程，该研究利用系统动力学流程图构建了废纸多次回收的损耗关系。

森林资源也是影响造纸产业生命周期的重要组成部分，该部分的研究较少，如 Philpott 和 Everett(2014)从造纸产业链优化的角度构建了纸制品的生命周期过程，该研究的生命周期过程着重分析了木材在造纸产业中的作用，说明了废纸回收对木材的替代作用和森林资源采伐量的减少。Arena 和 Gregorio(2014)的研究着重强调了木材在纸制品生命周期的流动过程，解释了在造纸过程中机械木浆和化学木浆在原木和能源消耗的差异，着重对化学木浆生产过程中能源生产过程进行了较为详细的论述。类似的研究还有 Lopes 和 Dias(2003)和 Pati 和 Vrat(2006)关于废纸回收对原木替代作用的分析，研究认为发展中国家的造纸产业使用废纸作为纤维原料弥补了森林资源的不足。

由于纸制品生命周期过程是造纸产业原料、能源消耗和碳排放研究的理论基础，所以已有研究根据研究目的的不同构建了多种形式的生命周期模型。这些模型基本都包含了从木材到纸制品的转换过程，能源消耗和碳排放研究的生命周期模型更侧重于造纸过程中的工艺流程的细化以及分析能源消耗和产生的来源；而废纸回收方面研究更多地侧重于回收过程的分析，考虑了回收中的损耗和存储过程；木材是造纸的基础原料，所以部分研究把木材供给部分也纳入到纸制品的生命周期过程中。现有的纸制品生命周期模型基本解释了纸制品在生产过程中的能源消耗和碳排放问题，还解释了造纸产业对木材需求的影响以及废纸回收的过程。然而，现有废纸生命周期模型更多的是一个封闭的系统，更多地考虑了物质的转换过程，而对市场因素考虑较少；同时，虽然考虑了木材供需，但是没有把造纸产业的木材需求对森林资源的影响纳入生命周期模型中。

2.2.2　废纸回收率的测算

本部分重点介绍纸制品的生命周期，在已有研究对纸制品生命周期分析的基础上，介绍废纸回收的相关概念及测算。

2.2.2.1　废纸回收率的界定

已有研究认为分析资源的使用效率和改善潜力大多采用物质转换分析的方法(matrrial flow analysis, MFA)，且一个闭环的物质反馈系统可以有效地分析固体废弃物的回收和使用情况(Brunner and Rechberger, 2004)。因此，已有研究经常通过分析固体废弃物的生命周期过程计算回收和利用率(Melanie et al., 2017; Cucchiella et al., 2015; Finnveden and Ekvall, 1998; Geng et al., 2010 等)。而回收率经常作为衡量一个国家资源使用效率的标准，且政府机构和已有研究对回收率没有统一的定义，一般根据不同的生命周期过程确定回收率[European Commission (EC), 2008; Swiss Federal Office of the Environment (FOEN), 2013]。其中，Graedel 和 Allwood 等(2011)对废弃材料回收率的定义较为典型，该研究分析了金属的生命周期过程，并根据生命周期过程给出了金属回收和利用率。该研究分析了从初始原料到最终消费品整个生命周期：金属的生产→粗加工→最终消费品生产→消费使用→回收→金属生产和初加工。根据每一个环节物质的转换过程，以及转换的特点计算了五种回收和利用率(见表 2.1)，并计算了全球元素周期表中 100 多种元素的回收和使用情况。该研究主要特点是细化了回收和使用过程中废弃金属材料的产生，以及主要环节的回收使用情况。

废纸是废弃物质材料中回收和利用率较高的一种废弃材料，已有研究也根据废纸的物质转换过程定义了废纸回收和利用率，但废纸回收和利用率的定义的精细化程度远没有金属那么精确。Berglund 和 Söderholm(2003)采用了 Grace 等(1978)相同的废纸回收率和利用率的计算方法，研究了世界 49 个国家的废纸回收和使用情况，研究结果显示 1996 年世界废纸的平均回收和利用率约为 40%，德国的回收率最高能达到 71%。Edgren 和 Morleand(1989)在研究废纸市场时分别给出了四种废纸回收率和废纸利用率的计算方法，分析了从 1939—1985 年美国的废纸回收率，计算结果表明在第二次世界大战后美国的

表 2.1　废弃材料回收和利用率的定义

作者	回收和利用率的定义
Graedel and Allwood et al. (2011)	(1)废金属总回收率：$CR=e/d$ e：金属的回收率，d：可回收的金属量(消费的刨去存储下来的) (2)回收过程的效率：$RPR=g/e$ g：回收后进入市场的废金属 (3)市场回收率：$EOL\text{-}RR=g/d$ (4)生产利用率：$RC=(j+m)/(a+j+m)$ a：金属原料，j：废弃金属修复使用，m：废弃金属作为金属原料 (5)金属消费回收占回收总量的比例：$OSR=g/(g+h)$ h：加工过程中的金属废弃物
Grace et al. (1978) Berglund and Söderholm (2003)	废纸回收率：$PR=\frac{WP_{cons}+WP_{ex}+WP_{im}}{PB_{cons}}$，$WP_{cons}$ 废纸消费量，WP_{ex} 废纸出口量，WP_{im} 废纸进口量，PB_{cons} 为纸和纸板消费量 废纸利用率：$UR=\frac{WP_{cons}}{PB_{prod}}$，$PB_{prod}$ 为纸和纸板生产量
Edgren and Morleand (1989)	废纸利用率：$R_u=\frac{X_d}{X}\cdot 100$，$X_d$ 为国内消费量，X 为纸制品的产量 修正的废纸利用率率：$R_{rp}=\frac{QWST+WSTEXP-WSTIMP}{X}\cdot 100$，QWST 为废纸回收总量，WSTEXP 为废纸出口量，WSTIMP 为废纸进口量 废纸回收率：$R_{rc}=\frac{QWST}{X+TOTIMP-TOTEXP}\cdot 100$，TOTIMP 为纸制品进口总量，TOTEXP 为纸制品出口总量 修正的废纸回收率： $R_{rr}=\frac{QWST}{X+TOTIMP-TOTEXP-(CONPAP+CPBIMP-CPEXP)-(TISSUE-TISSIMP-TISSEXP)}$ $\cdot 100$，CONPAP 为建筑用纸制品产量，CPBIMP 为进建筑用纸制品口量，CPEXP 为建筑用纸制品出口量，TISSUE 为棉质纸制品，TISSIMP 为棉质纸制品进口量，TISSEXP 为棉质纸制品出口量
Beukering(2001)	实际应用回收率：$R=\frac{Q_s}{Q_f+M_f-X_f}$，$Q_s$ 废纸回收量，Q_f 纸制品产量，M_f 纸制品进口量，X_f 纸制品出口量 废纸实际使用比例：$u=\frac{Q_s-M_s-X_s}{Q_f}$，$M_s$ 废纸进口量，X_f 废纸出口量
Diao and Cheng (2016)	废纸回收率：$R_t=\frac{WPR_t}{BPC_{t-1}}$，WPR 为废纸回收量，BPC 为纸制品消费量，$t$ 为时间 再生木浆利用率：$u_t=\frac{WPC_t}{PC_t}$，WPC 为再生木浆，PC 为木浆消耗总量

废纸回收率和利用率在20世纪70年代有下降的趋势，约在23%~24%。该研究对废纸回收和利用率进行了简单的修正，在计算废纸回收率时去掉了较难回收的建筑用纸制品和棉质纸制品，比 Berglund 和 Söderholm(2003)研究计算的回收和利用率更为可靠。Beukering(2001)在对发展中国家与发达国家废纸回收和贸易的比较研究中，利用纸制品生命周期的特征给出了理论废纸回收率与实际回收率的计算方法。该计算方法考虑到废纸回收的时间因素，认为废纸的消费、回收和使用过程存在着时间关系；还考虑了纸制品不可回收的部分，但研究认为由于纸制品中不可回收的部分缺乏统计资料，难以准确计算回收率。Schenk et al.(2004)在分析木浆需求与废纸回收率的关系及对环境的影响中，对废纸净回收率、调整的废纸回收率和废纸浆在纸浆中的比例进行了比较。Szabo et al.(2009)在造纸产业能源消耗与排放问题的研究中，对废纸回收率进行定义。Diao and Cheng(2016)的研究认为，由于纸制品在消费后并不会马上就被回收且生活用纸和印刷品等纸制品短期内无法回收，因此用纸制品消费量的滞后一期计算回收率准确性更高，不会低估废纸的真实回收率；同时，该研究对废纸使用量的定义也与已有研究不同，采用了再生木浆(废纸的折算值)计算了废纸浆在造纸纤维原料中的比例；该研究通过比较废纸回收率和再生木浆利用率的变化认为中国的废纸回收能力不足，仍需大量进口。

废纸回收和利用率的测量是衡量国家回收政策和产业可持续发展的重要指标，成为废纸相关研究的主要变量测度。在 Meza 等(2007)建立的荷兰造纸产业系统动力学模型中，不仅把废纸回收率引入模型，还考虑了废纸损耗率。此外，还有部分国家或国际组织统计并发布了废纸回收率的相关数据，如 CEPI 和 FAO。国内关于废纸回收率的研究较少，并多采用定性的方法。顾民达(2008)计算了1995—2007年的中国的废纸回收率，并分析了中国废纸回收率较低的原因；侯庆喜等(2008)不仅计算了2001—2007年的废纸回收率和废纸浆比例，还对未来废纸回收和废纸浆使用的变化趋势进行了判断；李炜等(2017)在探讨造纸产业集群和可持续发展中考虑了废纸的回收对产业集聚的影响；施晓清等(2013)从生命周期的角度分析了废纸回收的总量以及可能产生的生态效应；张琼和杨少辉(2007)、郑庆华(2013)、唐帅和宋维明(2014)、于豪谅和田明华等(2018)、张瑞雪和宋维明(2015)等研究中广泛地使用废纸回收率作为废纸回收的测度。

已有研究关于废纸回收率和利用率的测度的定义主要争论在于如何有效地去除那些不可回收纸制品的部分。从已有研究看，发达国家对废纸物质材料的统计资料较为丰富，可以部分剔除不可回收的部分(Edgren and Morleand，1989)；还有部分研究从时间滞后的角度，采用了废纸回收和使用的滞后值进行计算(Beukering，2001；Diao and Cheng，2016)。这些修正的方法可以部分提升回收率的计算精度，但仍不能满足决策和科研的要求：现有的废纸回收率没有区分纸制品的回收周期，已有的计算公式显示都是假设当期消费当期回收；废纸的损耗测度困难，只能根据纸制品的特性对损耗进行基本判断。

2.2.2.2 废纸回收潜力

废纸回收潜力研究与废纸回收率、利用率、损耗率和回收周期密切相关，而对于废纸回收潜力的衡量和预测研究多借鉴 Park 和 Chertow(2014a，2014b)的再使用潜力(reuse potential)指数，该指数被定义为一种资源通过一系列的技术措施的可使用性，一般一种废弃物使用的价值介于 0 和 1 之间。如果一种资源的再使用指数为 0.45，说明 45%的该种资源将可以再次被使用(2014c)。此后，再利用率被再回收潜力(recovery potential)替代(EC，2008)，此处的回收包括：初始原料的回收、非能源的回收和能源的回收三部分。Ewijk et al.(2018)进一步细化了废纸的生命周期，利用再回收潜力计算了全球纸制品的回收潜力。研究的计算结果显示，全球 2050 年废纸回收率应从 38%提升到 67%~73%的水平，同时废纸的填埋比例应从 331~473kg/t 降低到 0~0.26kg/t；同时研究认为提升废纸在纤维原料中的比例是促进废纸回收率提升的主要动因。

回收潜力的另一种分析思路是废纸再循环使用对木浆需求的影响，由于废纸在循环使用过程中会导致纤维的黏合力变弱(Ellis and Sedlachek，1993)，通常纸制品通过回收成为再生木浆时纤维会变短(Borchardt，1998)，且纸制品的回收次数一般为 3~5 次(Virtanen and Nilsson，1993)。所以废纸虽然具有对森林资源破坏小、能源消耗少和对环境污染小的特点，但废纸的循环利用次数是有限的，从而可以根据废纸生命周期的该种特点对废纸的回收和使用潜力进行预测(CEPI，2000)。Schenk et al.(2004)建立了一个非线性的模型分析了废纸回收率与木浆需求的非线性关系，并求解了最优的废纸回收率。研究结果显示，较高的废纸利用率将导致对木浆的需求的增加，以及较高的能源消耗和环境污染，所以废纸回收率的增加将导致木浆需求量上升。

已有研究从两个方面分析了废纸回收潜力，一种方法采用了再回收率，另一种方法采用非线性的仿真模型分析废纸回收率和木浆需求之间的关系。由于纸制品在制造再生木浆的过程中纤维变短、黏合力下降的特点，所以纸制品不能实现无限循环利用，纸制品的回收也伴随着对木浆需求、能源消耗和排放的增加。因此，对废纸回收潜力的分析，更多是如何实现废纸回收与资源消耗和环境污染之间的平衡(Blum et al.，1997)。中国是废纸消费大国，且对国际废纸市场具有较高的对外依存度(Moore，2005；宋庆丽，2014)。大量使用废纸作为造纸的纤维原料是否在经济和生态环境上是最优的，成为中国废纸回收和使用潜力分析的关键问题，所以废纸回收潜力问题与资源、能源消耗有着密切的关系。

2.3 废纸回收的影响因素研究现状

本部分将根据已有研究分析影响废纸回收和贸易的主要因素，因为本研究将要从系统的角度分析废纸回收对木材市场、森林资源、能源消耗和生态环境的影响，所以较为全面地掌握影响废纸回收和贸易的因素有助模型的建立和关键系数的估计。

2.3.1 价格与收入弹性因素

由于本研究需要分析造纸产业的全产业链，纸制品需求是废纸需求的根本动因，所以需考虑纸制品和废纸的价格和收入弹性。价格和收入是影响纸制品和废纸回收的重要因素，已有研究利用面板数据分析了全球和不同区域的纸制品市场的价格弹性(Jaana and Anne，2017)。价格和收入弹性是判断纸制品消费和回收的重要依据，从已有研究结果看，纸制品的价格弹性不管是在短期和长期，多数情况下是缺乏弹性的，而收入弹性的计算结果表明收入对纸制品的需求基本上是富有弹性的(见表2.2)。根据已有研究，印刷和书写用纸的价格弹性基本在-1.20~-0.20的范围，且随着时间变化价格弹性有增大的趋势，Baudin 和 Lundberg (1987)的研究发现1961—1981年56个国家印刷和书写用纸的价格弹性为-0.50；Turner 和 Buongiorno(2004)研究的印刷和书写用纸长期价格弹性变为-1.20。而在已有研究过程中，除了对价格弹性进行了计算，收入弹性也是影响纸制品需求的重要因素。已有研究多采用GDP作为衡量收入因素的变量(Jaana and Anne，2017)，且收入弹性的范围为

[1.00, 1.64]。已有研究结果说明，在模型中包含发展中国家时收入弹性较大(Buongiorno，1978；Baudin and Lundberg，1987；Turner and Buongiorno，2004)，而发达国家的收入弹性较小(Amil and Buongiorno，2000；McCarthy and Lei，2010)。纸制品的价格弹性分析结果说明，中国作为一个快速发展的发展中国家对纸制品的价格弹性也是缺乏弹性的，而纸制品的收入为富有弹性的(熊立春和程宝栋，2018)。

表 2.2　已有研究价格与收入弹性计算结果

文献作者年份	长短期价格弹性	长短期收入弹性
Buongiorno(1978) 时间范围：1963—1973 区域：43 个国家	长期： 印刷书写纸：-0.20 其他纸制品：-0.30	长期： 印刷书写纸：1.60 其他纸制品：1.40
Amil and Buongiorno(2000) 时间范围：1969—1992 区域：15 个欧洲国家	长期： 印刷书写纸：-0.50 其他纸制品：-0.70	长期： 印刷书写纸：1.00 其他纸制品：1.00
Baudin and Lundberg(1987) 时间范围：1961—1981， 区域范围：56 个国家	长期： 印刷书写纸：-0.89 其他纸制品：-0.30 短期： 印刷书写纸：-030 其他纸制品：-0.13	短期： 印刷书写纸：1.07 其他纸制品：0.41 短期： 印刷书写纸：0.36 其他纸制品：0.18
Turner and Buongiorno(2004) 时间范围：1970—1987 区域范围：64 个国家	长期： 印刷书写纸：-0.94 其他纸制品：-0.57 短期： 印刷书写纸：-057 其他纸制品：-0.34	短期： 印刷书写纸：1.58 其他纸制品：0.97 短期： 印刷书写纸：0.77 其他纸制品：0.52
Turner and Buongiorno(2004) 时间范围：1988—1997	长期： 印刷书写纸：-1.20 其他纸制品：-0.74 短期： 印刷书写纸：-067 其他纸制品：-0.39	短期： 印刷书写纸：1.47 其他纸制品：1.14 短期： 印刷书写纸：1.64 其他纸制品：1.45

（续）

文献作者年份	长短期价格弹性	长短期收入弹性
McCarthy and Lei(2010) 时间范围：1961—2000， 区域范围：四个区域(亚洲、欧洲、NAFTA 和南美洲)	长期： 纸制品：-0.05 短期： 纸制品：-0.04	长期： 纸制品 欧洲：1.07，NAFTA：0.67 短期： 纸制品 欧洲：0.77，NAFTA：0.67

纸制品需求是废纸需求的派生需求，所以当纸制品需求富有弹性时，必将导致废纸价格对废纸回收和回收率产生大的影响。在已有研究中，废纸价格和收入是影响回收率的两个重要因素。Deandman(1978，1981)、Beukering(2001)、Berglund 和 Söderholm(2003)、Diao 和 Cheng(2016)、Xu(2017)等人的研究中都考虑了废纸的价格因素，只是衡量价格的指标不同。Beukering(1981)、Diao 和 Cheng(2016)采用的是价格变化率，而其余的研究多采用废纸的真实价格(Deandman，1978；Beukering，2001；Berglund and Söderholm，2003)。已有研究结果显示，废纸价格对废纸回收率的影响具有正向作用，价格弹性的范围为[0.5，1.17]。同时，研究结果还说明发展中国家和发达国家的价格弹性差异较大(Beukering，2001；Berglund and Söderholm，2003)，发展中国家进行废纸回收的目的是满足国内需求，所以价格弹性较大；而发达国家进行废纸回收的目的更多的是环境政策作用的影响，因此价格弹性较小。中国废纸价格弹性的分析结果显示，价格对中国废纸回收率的影响较为不显著(Diao and Cheng，2016)，这主要由于中国对废纸的需求缺口严重，大量废纸依赖进口。虽然价格对废纸回收有正向作用，但需求是推动中国废纸回收的主要动因。

在已有实证研究中一般采用人均 GDP(Berglund and Söderholm，2003)、GDP 增长率(Beukering，2001)或人均收入代替纸制品的需求(Deadman and Turner，1981)，来分析需求对废纸回收率的影响。实证分析的结果证明收入因素在发展中国家是影响废纸回收的重要因素，对废纸回收率的影响较大；而发达国家的收入效应较小(Korhonen and Toppinen，2017)。

2.3.2　其他影响因素

Cointreau(1987)和 Vita(1997)通过研究不同国家废纸回收率的变化得出结论，发达国家废纸回收率的提升是由于社会对环境问题的关注从而促进了废纸回收的发展，而发展中国家废纸回收能力的提升更多的是满足快速增长的纸制品需求。因此，废纸回收率与纸制品的消费量正相关。曹桂英和郑晓瑛(2011)等认为城镇化是推动纸制品消费的重要因素，并且城镇化率也在Berglund and Söderholm(2003)的废纸回收率的研究中出现，所以本研究的模型用城镇化率作为衡量需求变化的因素之一。废纸浆占纸浆消费量的比例也是反映废纸浆需求变化的一个重要指标，废纸浆使用的比例越高，对废纸的需求量也越大，所以废纸回收率与废纸浆比例也是正相关的。

木浆价格也经常作为分析废纸回收的重要因素，但已有研究在木浆与废纸浆是替代还是互补的关系上并不一致。Gill 和 Lahiri(1980)认为废纸浆是木浆的替代品，木浆价格与废纸回收率之间应该是正相关的。而 Schenk 等(2004)的研究认为，废纸浆在使用过程中纤维会变短，需要补充一定比例的木浆来保证废纸浆的质量。由此来看，木浆与废纸浆存在着互补的关系。在我们的模型中假设废纸浆是木浆的替代品，所以木浆价格与废纸回收率是正相关的。Beukering(2001)的研究中还考虑了废纸的对外依存度，实证结果显示进口依存度与废纸回收率是负相关的。

环境保护政策是促进废纸回收的主要因素，已有研究(Hornik，1995；Beukering，1996)在实证分析过程中考虑了美国的环境保护对废纸回收的影响，实证分析的结果证实了像美国这样的发达国家环境保护的目标是推动回收率上升的重要因素。除了已有研究中影响废纸回收率的因素外，在中国，木材供给能力不足和造纸产业淘汰草浆造纸的政策也是影响废纸回收率的重要因素。已有研究加入中国木材资源供给与造纸产业政策因素，分析在控制其他因素的情况下木材供给与产业政策对废纸回收率的影响(Diao and Cheng 2016)。实证分析结果显示，木材的对外依存度越高，将提高废纸回收率以减少对木材的需求，所以木材的对外依存度与回收率为正相关关系。草浆是中国造纸业主要的非木浆原料，由于草浆造纸规模小、污染严重等原因，中国实施了逐步淘汰草浆造纸产能的政策。我们在模型中加入非木浆占纸浆的比例分析造纸产业淘汰草浆产能对废纸回收率有无正向影响。

已有研究主要从价格和收入弹性的角度分析了价格和收入对废纸回收率的影响，并比较了发展中国家和发达国家驱动废纸回收的不同因素。研究结果显示，发达国家废纸回收的主要动力是环境保护政策导致回收率的上升；发展中国家对纸制品的需求是驱动废纸回收的主要因素；研究还侧重分析了贸易对废纸回收和纸制品需求的影响。

2.4 废纸回收对能源消耗和碳排放的影响研究现状

本部分将从废纸回收的能源和碳排放两个方面分析已有研究中废纸回收对生态环境的影响。已有研究(刘文英等，2004；胡开堂和寇顺利，2010；陈诚和邱荣祖，2014；戴铁军和赵鑫蕊；2018；Arena and Gregorio，2014)一致认为，不考虑化学木浆在制浆过程中的能源析出前提下，废纸在造纸过程中具有相对能源消耗少，碳排放较低的特点。

2.4.1 造纸产业中的能源消耗与回收

造纸产业是轻工业部门中能源消耗较大的产业(吴垠和王雪梅，2011)，所以为了实现可持续发展和环境保护的目标，如何降低造纸产业的能源消耗(Byström and Lönnstedt，1997)成为造纸产业研究的一个重点问题。由于现代造纸产业，尤其是采用废纸作为造纸原料的制浆和造纸企业一般会充分利用资源减少能源消耗，并在生产过程中回收部分能源(Merrild et al.，2008)，所以本部分将从能源消耗和产出两个方面介绍废纸在造纸过程中的能源问题。

由于造纸产业是高耗能产业，所以能源消耗问题成为应对气候变化的热点问题(Burnley et al.，2015)，李威灵(2011)的研究计算出2007年中国的纸浆造纸产业能源消耗3342.68万吨标准煤，占能源消耗种类的2%；同时由于造纸产业技术的进步，现代造纸产业又是一个典型的低碳产业(刘焕彬等，2011)。Farahani和Worrell等(2004)通过对比美国和瑞典造纸产业后发现，生物质能源对化石能源替代作用影响了能源的消耗量，而这种替代与造纸业技术水平相关；Laurijssen等(2010)的研究对比了机械木浆、化学木浆和废纸浆生产六种纸制品的能源消耗，研究结果说明废纸浆在造纸过程中电力和热能的消耗最少；Manda等(2012)的研究在纸制品生命周期的基础上比较了化学木浆、机械木浆和再生木浆(废纸浆)在木材消耗、能源消耗和温室气体排放三个方面的影响，分析的结果与Laurijssen等(2010)一致，再生木浆具有最低的资源和能源消耗。国内的相关研究还有：董军和张旭(2010)建立工业碳排放模型计算了造纸产业的能源消耗强度。

根据欧盟(2008)的规定造纸产业的能源回收主要产生在热能生产的过程中，在加热过程的回收焚烧、热解、气化、超临界水氧化等处理过程都是热能回收的重要来源(Monte et al.，2009)。Rivera等(2016)研究认为几乎所有的纸制品在生产过程中都能产生热能，尤其在制浆过程中用回收的废弃物作为燃料(Müller et al.，2004)。还有部分研究不是分析回收和造纸流程来计算能源的回收量，而是通过纸制品的生命周期过程分析，计算在简单流程下造纸产业和废纸回收的能源消耗(Skog and Rosen，1997；Szabó et al.，2009；Vlachos et al.，2007 等)，这类研究的主要目的是计算废纸回收对制浆和造纸产业能源影响的差异，研究的结果一般都认为采用废纸造纸比木浆具有能源消耗少的特征。由于废纸能源产生问题属于自然科学研究的范畴，社会科学对造纸产生能源消耗更关注生产过程中的基本能源生产系数(Vranjanac and Spasic，2017；刘雷等，2009)。

已有研究对造纸产业废纸回收能源消耗和生产分析的基本思路是利用纸制品的生命周期过程(Bovea and Ibáñez-Forés，2010)，根据国家或已有自然科学研究对纸制品的每个生命周期过程能源消耗的强度来计算造纸产业的能源消耗；研究结果显示，废纸在能源消耗方面的优势，主要体现为在加工过程中对热能和电能消耗的需求较少，进而折算成标准的能源。

2.4.2 废纸回收对造纸产业碳排放的影响

碳排放是造纸产业应对全球气候变化的首要挑战(Heath et al.，2010；邱晓兰等，2015)，造纸产业碳排放的分析与能源消耗密切相关(Merrild et al.，2008)。因此，碳排放计算的基本思路是根据造纸产业能源消耗的数量，利用相应的折算系数计算碳排放量(Möllersten et al.，2003)。已有研究碳排放计算目的分为两类：一类是对碳排放的预测，分析造纸产业的碳排放变化趋势；另一类是政策对造纸产业碳排放的影响(Skog and Rosen，1997；Olivetti et al.，2011)，其中废纸回收政策的分析成为造纸产业碳排放研究的一个主要关注点(Vranjanac and Spasic，2017)。

废纸回收对碳排放影响的研究，主要从造纸的纤维原料(机械木浆、化学木浆和再生木浆)不同入手，分析不同纸制品(新闻纸、书写用纸、其他纸及纸板)由于纤维原料的构成不同导致的能源消耗和碳排放的不同(Szabo et al.，2009)；Ruth 等(2000)、Davidsdottir 和 Ruth(2004)利用动态的计量经济学模型分析了碳税和投资导向对造纸产业的影响；Mollersten 等(2003)模拟了不同的碳减排措施对瑞典造纸产业的影响，其中废纸回收能力的提升是造纸产业碳减排效果较为明显的举措；Farahani 等(2004)的研究从技术和经济投入产出的角度重点分析了 BLG 和 BLCG 技术在美国和瑞典如何大幅度减少碳排放的问题。

研究对碳排放和能源消耗问题的关注更多的是造纸产业的可持续发展和

政策变化带来的影响问题，其中碳税、补贴、废纸回收等政策是已有研究的主要关注点。

2.5 国内外研究评述

针对废纸回收利用和碳排放的问题，已有研究从多个方面分析了废纸问题，以及从生命周期的角度计算了造纸每个环节的能源消耗和碳排放。从研究方法上看，对废纸回收的分析多采用计量经济学的方法，而对能源消耗和碳排放的分析多采用模拟仿真的方法。从研究结论上看，已有研究利用发达国家的案例说明了废纸回收在资源、能源消耗和碳排放上具有相对优势。本部分将从三个方面说明已有研究的不足和对本研究的启示：

已有研究认为废纸回收和碳排放的理论基础均为纸制品的生命周期模型，并因此构建了多种形式的生命周期模型，这些模型针对研究目的主要对造纸流程和回收进行了细化，为本研究提供了理论基础。但已有研究在对纸制品生命周期的分析中多认为该系统是一个封闭和静态的系统，所以没有考虑技术因素外的经济因素。本研究将在已有生命周期模型基础上加入森林资源模块，分析废纸回收因对森林资源需求的减少而增加的碳汇量；还加入了包括木材、纸浆、纸制品和废纸的国内和国际市场，分析中国废纸回收通过全产业链的市场传导作用对造纸产业碳排放的影响。因此，本研究扩展了纸制品的生命周期理论，把纸制品的生命周期模型变为一个开放的、包含经济系统的模型。

已有研究从废纸回收的测算、回收影响因素和对能源与环境的影响多个方面对废纸回收及影响问题进行了分析，为本研究提供了理论支撑和模型参数的参考。已有研究尚存不足之处为对废纸回收率的测算较粗犷，还不足以为政策分析和决策提供可靠的依据，在精确度和信息量方面还存在着较大差距，尤其是对不可回收的纸制品数量的测量研究较少，回收周期没有明确的计算；对废纸回收的能源消耗和碳排放的分析更多的是在一种简单的政策背景下开展的。中国的造纸产业面临着资源政策(森林资源不足、森林保护政策、木材进口政策)、废纸回收和贸易政策(废纸回收促进政策和废纸贸易限制政策)、产业政策(产业升级和节能减排)等复杂政策背景，废纸回收对资源、能源需求和环境的影响成为一个复杂的系统，已有研究中的分析模式更多地适用于发达国家的成熟市场，对中国分析的可靠度值得探讨。

已有研究在废纸回收和影响因素问题上的分析多采用计量经济学的方法，尤其面板数据模型；而对能源消耗和碳排放的研究方法较为一致，首先通过对纸制品的生命周期过程进行简化建模，然后根据生命周期过程计算能源和碳排放量，采用的模型包括可计算一般均衡模型和系统动力学等模型。已有研究中的分析结果尤其是价格弹性、收入弹性等计量分析的结果可以作为本研究模型的参数，而已有研究的纸制品生命周期过程和模型结构可以帮助本研究建立中国的废纸回收模型。同时已有研究在方法使用过程中存在着不足：已有研究还没有针对废纸回收率的计算模型，废纸回收率的计算更多采用简单的比例方法，而纸制品的生命周期过程与分布滞后模型较为一致，因此可以利用计量经济学模型对废纸回收率进行较为准确的计算和检验。现阶段还没有专门针对中国的造纸产业模型和废纸回收模型，已有的模型多集中于对欧美发达国家的造纸产业进行分析，有的模型也包含了中国的部分，但对中国造纸的资源和产业结构的特点刻画比较模糊，且部分内容不符合中国产业的实际。因此，对中国废纸回收问题的分析不仅要借鉴已有研究的方法，还要在此基础上开发符合中国造纸特点的分析工具。

基于上述评述，本书将以废纸回收和利用对造纸产业碳减排的影响为研究对象，预测中国造纸产业废纸回收和利用对碳排放效应的变化趋势，回答废纸回收和利用能否实现碳减排的问题。

3

废纸回收利用与碳排放关系理论分析框架的提出

本章将介绍研究的理论和现实基础，为研究的展开提供支撑。废纸回收在造纸产业发展过程中扮演着重要的角色，一方面为产业提供主要的纤维原料，另一方面减少了填埋、焚烧产生的碳排放。因此，废纸回收是造纸产业实现循环发展的主要举措，本研究以循环经济为理论主线分析废纸回收利用对造纸产业碳排放的影响。为实现循环经济理论在造纸产业中的应用，研究利用 LCA 理论分析造纸过程中的物质循环以及碳排放的产生过程。

3.1 循环经济理论

循环经济(Circular Economy，CE)已被多国政府认为是一种推动经济发展的新动力，各国政府希望通过循环经济实现降低资源消耗、缓解市场波动、改善与生态环境的关系，并促进经济增长创造新的就业机会，已有研究预测，到 2030 年资源使用效率每提升 30%将推动 GDP 增长 1%(EC，2014；2015)。因此，政府、产业和企业均加快了循环经济的进程，以应对发展、资源和环境的挑战。本节首先介绍循环经济的基本含义，然后分析循环经济在价值链的表现过程。

3.1.1 循环经济的含义

循环经济是近期最流行的发展理念，改变传统发展的线性“获取—制造—处理(take - make - dispose)”模型，开辟一种与经济发展和生态资源环境脱钩的发展模式(Ellen MacArthur Foundation，2013)，所以已有文献对循环经济开展了深入的研究(Ghisellini et al.，2016；Lieder and Rashid.，2016；Bocken et al.，2017)。循环经济一词最早出现在 Pearce 和 Turner (1990)关于经济活动和生态环境关系的研究中(Andersen，2007)，其研究(Su et al.，2013)认为循环经济是一种闭环的(closed-loop)物质流动过程，经济系统应根据一切物质皆可循环利用的原则运行。其实，与之类似的思想早在 1966 年就被 Boulding 提出，他认为人类的经济活动可以在有限的自然资源下实现闭循环(Nebbia，2000)。

循环经济随着时间推进其内涵不断丰富，从早期的再生设计理论(regenerative design，Lyle，1994)、经济绩效(performance economy，Stahel，2008)，从摇篮到摇篮设计理念(Cradle-to-Cradle，Braungart et al.，2007)和工业生态学(industrial ecology，Erkman，1997)。循环经济认为，经济增长会导致环境退化和自然资源过度开发从而降低生物圈的繁殖能力(Lieder and Rashid，2016)。基于此假设，循环经济必须重塑传统“take - make - dispose”的制造和消费模式(Geng and Doberstein，2008)，传统经济模式向循环经济转变必须缓解经济发展产生的自然资源枯竭、环境退化脱钩问题(Murray et al.，2017)。循环经济这种发展模式已经被多个国家采纳作为政策制定的指导原则并实施(George et al.，2015)，中国政府把循环经济纳入国民经济和社会发展“十一五”和“十二五”规划的中心目标，并于 2009 年发布了《中华人民共和国循环经济促进法》，并把循环经济定义为：“以资源节约和循环利用为特征、与环境和谐的经济发展模式。”而欧盟 2014 年发布了《Towards a circular economy：A zero waste programme for Europe》，2015 年发布了《Closing the loop-An EU action plan for the circular economy》，并把循环经济定义为：“在经济发展中尽可能地使产品、材料和资源维持尽可能长的时间，并使废弃物的产生最小化。”

不仅政府十分关注循环经济的理论，非政府组织和学术界也对循环经济进行了深入的探讨。Ellen Mac Arthur 基金会(2013)把循环经济定义为：“通过计划和工业设计建立恢复性和可再生的工业体系”。该工业体系改变了产品生命周期结束时产品报废的模式，试图实现资源的可再生；并在生产过程中尽量不使用有毒化学物质，而使用更为先进的材料和设计的商业模式。循环经济的概念并没有明确的边界，其随着时间和主体的变化而改变，所以循环经济并没有公认的定义。在过去的几年中，循环经济的概念和实施策略均被广大学者关注(Geissdoerfer et al.，2016)。由于循环经济是一个相对年轻的领域，所以学术界也没有对循环经济的定义形成共识(Rizos et al.，2017；Blomsma and Brennan，2017；Bocken et al.，2017)。然而，学术界关于循环经济的研究(Rashid et al.，2013；Mihelcic et al.，2003；Braungart et al.，2007)均强调了，循环经济的模式改变了传统线性资源利用模式，以实现商品价值的管理从摇篮到摇篮的循环利用模式。因此，资源和能源的循环利用是循环经济的核心内容。

3.1.2　循环经济的目标

已有研究认为实现可持续发展是循环经济的主要目标（Ghisellini et al.，2016；the European Environment Agency，2016；Ellen MacArthur Foundation，2013）。同时，可持续发展的子目标——环境质量、经济繁荣和社会公平作为衡量循环经济的发展目标，私营部门更强调经济繁荣（Taylor，2016），而WCED在1987年的报告中强调了发展的代际平衡和可持续性。然而，已有研究并不会把可持续发展的三个维度作为循环经济的整体发展目标（WBCSD，2017；Elkington，1997）。

Geissdoerfer等（2017）、Sauvé等（2016）、Lieder和Rashid（2016）的研究认为循环经济的目标主要是提升环境质量，而忽视经济层面的目标。越是早期的研究对循环经济目标的阐述越是侧重于发展经济，而随着环境问题的日益突出，现阶段更多的研究侧重于环境（Lacy et al.，2015；Ghisellini et al.，2016）。

还有很多研究如Sauvé等（2016）和Murray等（2017）认为循环经济的发展不仅包含经济和环境层面，还应包含社会层面的内容。例如Geng等（2009）认为循环经济的目标是增加社会福利；Frenken和Schor（2017）、Schor（2017）的研究则强调了循环经济应促进社会公平。本研究认为循环经济的目标应该是一个复合目标，由于我国人均纸制品消费量与世界平均水平还有较大差距，满足经济发展带来的纸制品需求是产业发展的主要目的，而利用废纸回收实现资源和能源的回收利用则有利于推动环境的改善，社会福利和公平的改善主要体现为产业发展实现消费公平以及碳排放的减少实现环境公平。

3.1.3　循环经济的价值链结构

Merriam-Webster（2017）认为循环经济的价值链是一个闭环的，且由资源和能源的再生与利用驱动。图3.1中描述了循环经济九个关键环节，资源和能源在封闭的价值链中存在多种循环过程：从节点5消费过程中进行商品的共享以实现资源的重复利用；通过节点8或9资源和能源在生产过程得到循环利用。通过该种方式可以实现资源在价值链的循环利用，使资源和能源在价值链持续更长的时间，以实现闭循环和减少资源消耗与环境破坏。

循环经济的核心是通过资源和能源的再利用实现经济发展的闭循环。图

3.1 描述了设想的回收环节。循环经济要求在物质获取和产品设计阶段就要考虑循环利用，减少资源和能源的持续投入实现闭循环。在生产过程中，会产生大量的废弃物和富含能源的物质，可以回收再利用，以减少生产过程中的浪费；在消费过程中，可以通过共享的方式延长产品的使用寿命，同时加强对产品的回收处理，成为物质来源的重要渠道。工业经济中，除非物质流是生物质成分，否则物质流将保持高速度循环而不是进入生物圈(EMF，2012)。实现循环经济就是旨在依靠可再生能源，尽量减少、跟踪和消除有毒化学物质的使用，并通过精心设计防止资源和能源的浪费(EMF，2013)。

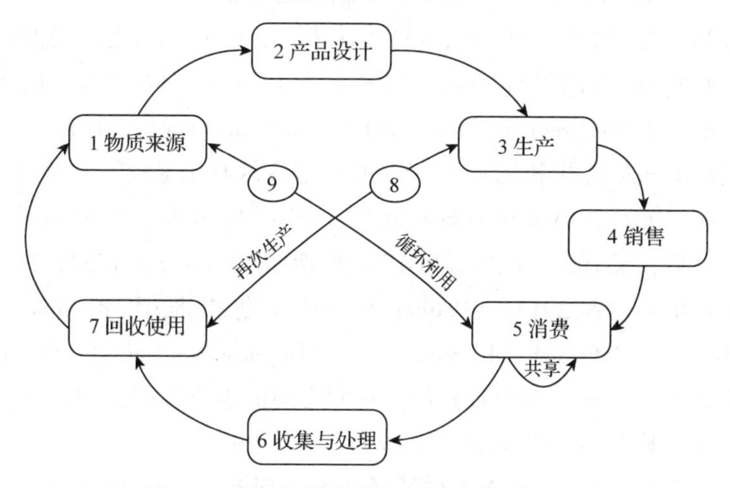

图 3.1　循环经济下资源在产业链中的流动

图片来源：Kalmykova Y，Sadagopan M，Rosado L.，2018 Circular economy-From review of theories and practices to development of implementation tools [J]. Resources，Conservation and Recycling，135(8)：190-201.

因此，循环经济是一种利用多种途径创造价值的经济发展模式，该模式旨在解决经济发展与资源有限的矛盾，通过内部增长的方式增加现有经济结构，产品和材料的价值。该系统具有以下特征：①价值链中资源的优化，该过程具有三个循环的结构：商品的再使用和再销售、商品寿命的扩展以及资源的回收循环(Stahel，2013)；②生产、流通和消费过程中减少资源消耗、实现再利用和循环活动(中华人民共和国循环经济促进法，2008)；③在循环经济中，产品、材料和资源的价值在经济中保持尽可能长的时间，并最大程度地减少了废弃物的产生(EC，2015)；④改变传统线性经济(制造，使用，处置)模式，循环经济尽可能地延长资源的使用时间，从整个过程中获取最大价值，并在每次商品生命周期结束时回收和再生商品和材料(WRAP，2016 年)；

⑤侧重于产品和原材料可重复使用性和自然资源恢复能力的经济或工业系统会实现整个系统的价值破坏最小化，以及每个环节价值创造的最大化(Bastein et al.，2013)；⑥实现经济发展与物质投入脱钩的发展模式(World Economic Forum，2014)。

3.1.4 循环经济的实现途径

已有研究不仅对循环经济的含义及价值链的循环结构进行了深入的探讨，还对循环经济的实现途径进行了广泛的探讨。近几十年的研究结果(Blomsma and Brennan，2017)显示，循环经济的概念是建立在各种 R 的框架基础上。许多学者如 Zhu 等(2010)和 Reh(2013)等认为，各种 R 框架是实现循环经济的方法和核心原则。3R 框架(Reduce、Reuse 和 Recycle)是循环经济的典型框架(King et al.，2006；Brennan et al.，2015；Ghisellini et al.，2016)，也是 2008 年颁布的《中华人民共和国循环经济促进法》的核心内容。欧盟(European Commission，2008)在《Waste Framework Directive》中引入了 Recover 形成了 4R 的框架。此后，又有研究提出了超 4R 的框架如 Sihvonen 和 Ritola(2015)的 6R 框架和 van Buren 等(2016)、Potting 等(2017)的 9R 框架(Rethink、Reduce、Reuse、Repair、Refurbish、Remanufacture、Repurpose、Recycle 和 Recover)。已有研究认为，不管 R 的个数如何，它们之间的本质性差异非常小，只是对循环经济中的某个环节的细化(Kirchherr et al.，2017)。

本研究主要采用了 4R 作为循环经济的实现框架。4R 的主要内容为：①Reduce，主要包括拒绝(refusing)、重新考虑(rethinking)、重新设计(redesigning，延长产品的使用寿命)，最小化、减少资源使用，以及保护自然资本等内容；②Reuse 主要包括重新使用(不包括废物)、闭环、循环、修复或翻新等内容；③Recycle 包括再制造、回收、闭环循环和废物再利用等内容；④Recover 包括回收、焚烧、填埋等内容。且已有研究认为，R 框架存在着层次结构和优先级，其中 4R 框架下的优先级顺序为：Reduce→Reuse→Recycle→Recover(Potting et al.，2017；Sihvonen and Ritola 2015；van Buren et al.，2016)。循环经济中 cradle-to-cradle (C2C)的思想也支持 R 框架中的层次结构观点。已有研究认为，经济系统中产生的废弃物就是资源(McDonough and Braungart，2001；Braungart and McDonough，2002)，然而，大多数回收利用均是向下回收，随着循环利用次数的增加，材料的质量也会下降(Braungart and McDonough，2002)，所以从根本上重新考虑生产、分销和消费过程，从本质上判断废弃物的等级，这就导致 4R 框架下层次等级的产生。

实现循环经济需要从系统的视角考虑4R框架的实现方式。系统的观点较早出现在了循环经济理论中(Davis and Hall, 2006; Zhijun and Nailing, 2007),并成为循环经济的核心思想。已有研究(Fang et al., 2007; Sakr et al., 2011; Jackson et al., 2014)认为循环经济包含三个层面的系统:微观系统(Micro-systems,主要涉及产品、企业和消费者,Jackson et al., 2014; Sakr et al., 2011)、中观层面(Meso-systems,涉及区域和产业生态,Li et al., 2010; Geng et al., 2009)、宏观系统(Macro-systems,涉及国家或整个行业,Heeres et al., 2004; Shi et al., 2010)。循环经济中不同层面的系统对R框架表现形式存在差异,所以应从系统的视角分析R框架的实现方式。本研究的对象是造纸产业,属于中观层面的系统。研究将根据纸制品的生命周期过程分析造纸产业系统中的4R行为。

3.2 生命周期理论及纸制品生命周期过程的完善

本节首先介绍生命周期理论,为分析造纸产业中的循环利用和碳排放行为提供理论支撑;其后根据已有研究进一步完善了纸制品的生命周期过程,为计算碳排放提供工具,同时也反映了循环经济理论如何在造纸产业中实现。

3.2.1 生命周期及生命周期评价理论

一种产品或工艺从原材料获取,能源和材料的生产、产品制造、产品包装、产品运输和销售,然后到消费者使用、回收和处理,最终经过再循环或作为最终废弃物处理和处置,这一个整个产品的流程称为产品的生命周期。生命周期这一概念在经济、环境、技术、社会等诸多领域都有其应用,它主要指的是一个对象从出生、成长、再到其死亡的整个过程。在这一系列生命周期过程中,产品与其外部环境的关系十分密切,目前对产品生命周期与外部环境间的关系进行管理评价的方法主要有生命周期评价。

生命周期评价(Life Cycle Assessment, LCA)是一个基于可持续发展原则的对一种产品或工艺整个生命周期阶段对周边环境影响的评价管理工具。它能将一种产品或工艺从原材料获取到产品最终废弃处理整个生命周期中的所有环节都进行考虑,并按照生态环境、人体健康和自然资源等影响类型进行分类评价。通过考虑生产产品或工艺不同阶段的环境影响范畴,LCA可以用作决策工具帮助实现产品或工艺创新。作为一种环境管理工具,生命周期评价的优势在于能够对一种产品或工艺生产过程中的环境问题进行有效的定量化分析和评价，通过运用生命周期思想为产品或产业的可持续发展决策提供依据，促使产品甚至整个产业链更符合可持续发展的原则。它可以用于一个企业产品研发，也可以支持政府部门制定环境政策。

生命周期评价(LCA)的研究已有40多年的历史，其最早可以追溯到20世纪60年代末70年代初美国开展的一系列对包装品的分析和评价，当时LCA法被称为资源与环境状况分析(Resource and Environment Potential Assessment REPA)。1969年，美国中西部资源研究所对可口可乐公司的饮料包装瓶的环境排出量和自然资源利用量进行定量化分析，这一研究对生产过程中大约40种不同材质的饮料罐产生的环境承载力进行比较，使得可口可乐公司抛弃了过去使用的玻璃瓶转而采用新的塑料瓶进行包装。之后，美国ILLINOIS大学、富兰克林研究会、斯坦福大学的生态环境研究所和欧洲、日本等国家和地区的一些研究机构和咨询公司相继开展类似研究，但这一时期的研究主要局限在企业内部，其研究结果也是作为企业产品开发及管理的决策工具。如20世纪70年代中期美国多项REPA研究中，70%是企业自发组织的，只有10%由联邦政府开展。这一时期全球开展这一研究共90余项，大约有50%针对包装品，20%是对建筑材料和能源生产，剩下的是针对化学品和塑料制品。

20世纪70年代，由于全球性的能源危机，研究工作从污染物的排放转移到了能源的分析与合理规划。这一时期的研究普遍采用的是能源分析法，出现了“净能量分析”(Net Energy Analysis)和“生态衡算”(Ecobalance)方法，这对生命周期评价方法有很大的促进作用。20世纪70年代末到80年代中期出现了全球性的固体废弃物问题，REPA逐渐成为资源分析的工具以研究废弃物的产生及处理，从而为企业制定固体废弃物减量目标提供决策依据，美国和欧洲的一些咨询机构依据REPA的方法深入研究了环境排放和资源消耗的潜在影响。1984年，瑞士联邦材料测试与研究实验室为瑞士环境部开展了有关包装材料的研究，在这一研究中首次采用了健康标准评估系统，后来该实验室据此理论建立了一个详细的清单数据库，其中包括了一些重要工业部门的生产工艺和能源利用数据；1991年，这一实验室开发出了商业化的计算机软件，为LCA的发展奠定了基础。

20世纪80年代末开始，随着区域性及全球性环境问题的日益严重，以及全球性环保意识及可持续性发展意识的加强，REPA的研究进入了快速发展期。各发达国家大力推行环境报告制度，要求对各种产品有一个统一的环境影响评价方法和数据，大量的REPA研究得到启动，其研究主导者涉及到了研究机构、政府管理部门、工业企业及产品消费者等，但这些机构的研究侧重点各不相同，采用的方法互不相同。荷兰、瑞士等国的研究机构从生态平衡和环境评价等角度出发，逐渐形成了较为规范的分析模式及方法，这为后来的 LCA 的发展奠定了基础。

1990 年，“国际环境毒理学与化学学会(SETAC)”首次主持召开了有关生命周期评价的国际研讨会。在这次会议上，参会者就生命周期评价(LCA)的概念和理论框架取得了广泛的一致，提出了生命周期评价的概念，统一了国际社会对 LCA 的研究框架。随后几年里，SETAC 又召开了多次学术研讨会，对生命周期评价从理论到方法进行了广泛的研究。1993 年，SETAC 根据葡萄牙的一次学术会议的主要结论出版了一本纲领性的报告《生命周期评价(LCA)纲要：实用指南》，这一报告为 LCA 方法提供了一个基本的技术框架，成为生命周期评价方法论研究起步的一个里程碑。

国际标准化组织(ISO)从 1992 年就积极促进生命周期评价方法的国际标准化研究，并在 1993 年 6 月正式成立了“环境管理标准技术委员会”<TC207>，开展环境管理系列标准的制定工作，以规划企业及社会团体等所有组织的活动、产品及服务的环境行为，以支持全球的环境保护工作。这一机构起草了 ISO 14000 国际标准，并为生命周期评价预留了 10 个标准号<14040－14049>。1996 年，ISO 对 ISO 14040 系列标准进行了整合。1997 年，ISO 发布了第一个国际生命周期评价标准 ISO 14040《生命周期评价原则与框架》，此后又相继发布了一系列的相关标准和技术报告。

20 世纪 90 年代中期开始，联合国环境规划署(UNEP)也参与到了 LCA 的研究。1996 年，UNEP 发表了一份名为《LCA：概念与方法》的报告，为 LCA 的研究提供了背景信息和范例。随后，在美国环境保护署、荷兰及瑞士政府的支持下，UNEP 在 1999 年发表了《面向世界的 LCA 应用》，详细介绍了世界范围内 LCA 的接受程度及其应用水平。2000 年，SETAC 与 UNEP 进行合作研究 LCA 在当前社会中的应用及未来的发展趋势，并在 2002 年共同制定出了详细的研究纲要和计划。此外，欧洲、北美、日本等也积极推进关于 LCA 的研究，同时制定相应的政策法规。日本在这一方面的推进尤为积极，1995 年，日本设立了 LCA 论坛，发表了 Eco-Indicatior，公开了环境影响的综合评价方法；2004 年，日本成立了 LCA 学会，并公开 LCA 数据库；2005 年，日本召开了第一届 LCA 学会研讨会。

3.2.2 纸制品生命周期过程的完善

纸制品生命周期过程包含了复杂的物质转换过程，物质转换过程中伴随着能量消耗的差异，并最终导致造纸产业碳排放的差异。Lim et al.(1999)和Hashimoto et al.(2002)的研究比较了四种计算木质林产品碳核算的方法，根据对不同方法比较的结果，本研究采用产品方法(the production approach)计算中国造纸产业的碳排放。为了计算纸制品从森林资源→原木→纸浆→纸制品→消费和回收过程中的碳排放量，研究还采用了物质流分析(MFA，material flow analysis)和投入产出分析(IOA，input-output analysis)。MFA被广泛地应用于物质转换分析和碳排放的研究中(Hekkert et al.，2000；Kissinger and Rees，2010；Murakami et al.，2010；Hong et al，2011；Baccini and Brunner，2012；Cote et al.，2015；Ewijk et al.，2018)，MFA反应了生产过程中物质转换活动和该活动对生态环境的影响(Baccini and Brunner，2012)，并提供了资源在生产、经济社会和资源环境流动的信息(Kissinger and Rees，2010)，以及物质的使用效率(Ewijk et al.，2018)和存储情况(Murakami et al.，2010)。MFA在造纸产业的应用主要集中于国家层面，主要分析造纸产业的碳排放问题(Hekkert et al.，2000；Hong et al.，2011；Cote et al.，2015)。本研究在已有纸制品MFA的基础上，构建一个与Ewijk et al.(2018)、Hong et al.(2011)和Cote et al.(2015)类似的中国纸制品生命周期模型；然而，为了更准确地计算废纸的回收率，研究详细地描述了纸制品在生产和消费中的损耗。

图3.2描述了一个纸制品生命周期过程中从原木到纸制品的物质流动，且该纸制品的生命周期过程仅限中国造纸产业。纸制品生产的原料主要包括：原木、其他纤维原料和废纸。原木通过不同加工方式生产出机械木浆、化学木浆和半化学木浆。其中，机械木浆通过对原木进行研磨的方式加工生产，所以在生产过程中能源消耗量较大(Ewijk et al.，2018)。化学木浆是原木通过蒸煮的方式加工生产，生产过程中副产品(如黑液)能回收大量的热能用于生产，所以化学木浆在生产过程中能耗较低(Szabó et al.，2009)。半化学木浆采用了研磨和蒸煮两种加工方式，所以已有研究(Ewijk et al.，2018)把半化学木浆按照各50%归类为化学木浆和机械木浆。由回收的废纸制成的木浆为再生木浆，已有研究认为利用废纸生产再生木浆具有能量消耗少的优势(Szabó et al.，2009；陈诚和邱荣祖，2014)。其他纤维曾是中国重要的造纸纤维原料，在2000年约占纤维原料总量的33.5%，到2017下降到5.7%(FAO，2019)；其他纤维在中国主要包括草浆、竹浆和绵浆等。本研究与已有研究一致(Ewijk et al.，2018)，把其他纤维归为化学木浆。研究假设不同种类的纤维原料经过加工生产为新闻纸、印刷书写纸、厨卫用纸、包装纸、其他纸制品共五类

产品[①]，并在加工过程中产生一定比例的废弃物(Cote et al.，2015；Ewijk et al.，2018)。各种纸制品产出后将被消费，约占总消费量9%~12%的纸制品将被长期存储下来(FAO，2010；Cote et al.，2015)，大部分纸制品将被回收再利用，中国2017年废纸回收率已经接近50%(FAO，2019)。还有相当一部分纸制品消费后被损耗或者当作垃圾处理，已有研究认为该部分纸制品约占纸制品消费总量的9%~12%(FAO，2010；Cote et al.，2015)；还包括在消费过程中被损耗的或没有被回收的部分，如消费后进入下水道系统的纸制品，已有研究估算该部分的比例约为3%(Cote et al.，2015)；消费后被作为垃圾焚烧的部分，该部分的比例约为8%(OECD，2010)。

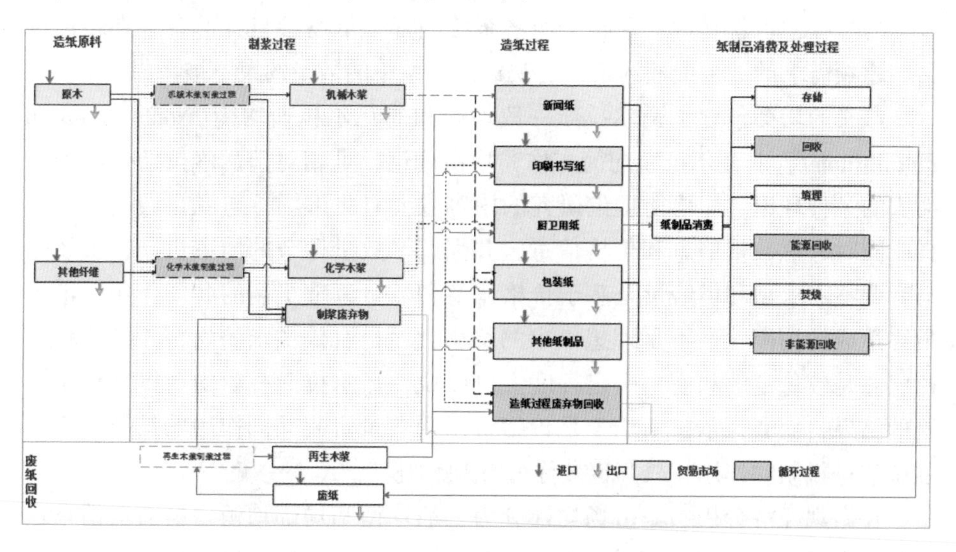

图3.2 纸制品生命周期过程

注：根据已有研究的纸制品生命周期过程绘制。

3.3 一般均衡理论

“均衡”这一名称最早出现在物理学领域中，物理意义强调任何体系中各种相互关联和相互对立的因素，在既定范围内持续不断的作用下，使得系统最终处于相对平衡和稳定的状态。具体到经济学领域中，其内容得到进一步

① 研究采用的FAO的纸制品分类标准，该分类标准能较好地反映纸制品生产过程中使用的纤维原料不同，而导致的能源消耗和碳排放的差异(Szabó et al.，2009；Ewijk et al.，2018)。

扩展和延伸，经济学意义上的均衡为，经济主体为了使自己的偏好得到满足，不断地调整既定的行为选择以适应发生变化的市场环境，最终达到一种相对稳定的态势。目前在相关理论文献中，均衡有狭义和广义两种用法。

狭义就是指瓦尔拉斯一般均衡(Walrasian Equilibrium)，经济达到该状态是通过不断的价格调整供求直到供求达到相一致的状态，在这种均衡中，所有进入市场的参与者都仅通过价格调整做出行为选择，根据他们的效用或欲望进行交换，最终实现有效需求等于理想需求。遗憾的是，瓦尔拉斯均衡不考虑时间演化过程，将时间因素过滤掉，动态失衡调整瞬间完成，因此，这种前期既定的均衡假设抽象掉了所有市场运行中一切意外的状况以及非均衡调整的过程，也就是说，在整个经济系统内部，市场参与者不会遇到超额供给与超额需求的数量配额约束，宏观经济体系中的数量约束不被考虑。

广义的均衡包含了瓦尔拉斯一般均衡和非瓦尔拉斯均衡(Non-Walrasian Equilibrium)。非瓦尔拉斯均衡亦称非均衡理论，是相对于瓦尔拉斯一般均衡而言的一种理论。非均衡理论研究的内容主要有，市场参与者在做出行为选择时同时考虑数量信息和价格信息，并强调了数量调节的约束机制，市场参与者调整需求量和供给量是基于价格调节和数量调节机制的共同作用，市场最终达成的均衡状态不是理想供求的均衡，而是有效供求的均衡，且这种均衡状态是较稳定的状态。一定程度上可以说，瓦尔拉斯一般均衡仅是价格机制的结果，而非瓦尔拉斯均衡是价格机制和数量机制共同作用的结果，更加强调数量机制的作用，故其也被称为"配额均衡"。

在微观经济分析中，市场均衡分为一般均衡和局部均衡。局部均衡是假定其他市场条件不变的情况下，就单个市场或部分市场的供求与价格之间的关系进行分析。一般均衡是分析一个经济社会中的所有市场的各种商品和要素的供求与价格间的相互影响、相互作用以及所有市场之间存在溢出影响关系，最终结果是所有市场同时达于均衡。

本研究中所涉及的均衡概念是一个局部均衡。该均衡过程中：终端消费品市场的均衡指的是各类纸制品市场的均衡；中间品市场的均衡即纤维原料市场的均衡；初级产品市场的均衡即木料市场的均衡。同时，还进一步考虑国内市场和国际市场的各类市场的均衡。因此，本研究是在充分考虑物质均衡和市场均衡的前提下分析废纸回收对造纸产业碳排放的影响。

3.4　理论分析框架

本节首先介绍循环经济和一般均衡理论与生命周期的关系，以及废纸回收与利用如何沿着产业链传导引发碳排放的变化；然后，介绍废纸回收和利用与碳减排的关系并说明这种关系的特征。

3.4.1　基于循环经济和一般均衡理论的纸制品生命周期过程

本研究以循环经济理论为基础利用生命周期过程理论和市场均衡理论实现对造纸产业中物质流动的分析，以测算废纸回收对碳排放的影响。循环经济中的4R贯穿于纸制品的生命周期过程，4R实现涉及到产业链中各个市场。因此，生命周期理论是本研究实现的基础，只有掌握了纸制品的生命周期过程才能有效地判断废纸回收可能引发的能源和碳排放的减少。循环经济理论是实现造纸产业减排的指导思想，实现造纸产业资源、能源的回收利用，以及产业的闭循环是实现碳减排的重要举措。造纸产业碳减排的前提条件是各个市场的均衡。因此，三个理论将以生命周期理论为框架进行深度融合。

图3.3描述了循环经济理论、生命周期过程理论和一般均衡理论的关系，并说明了理论如何支撑本研究的。循环经济理论的闭环价值链反映了物质和能源如何实现4R；同时，循环经济价值链与纸制品的生命周期过程(详细过程见图3.2)有着密切的关系。循环经济价值链中生产过程包含了纸制品生命周期过程中的制浆和造纸过程，该过程涉及制浆和造纸过程中的资源和能源回收利用过程(见图中红色和绿色圆圈)。循环经济中的销售和消费两个过程与生命周期过程中的纸制品消费并不一致，前者侧重循环过程中的销售的商业模式，而生命周期过程侧重于消费过程中的物质流动。循环经济把收集处理和回收利用分为两个过程，纸制品的生命周期过程对此进行了更进一步的细化(见图3.2)包括分析纸制品的回收利用、填埋、焚烧等过程。最后，循环经济的物质来源与造纸的纤维原料结构相匹配，并决定了生产过程的供给与产生设计。

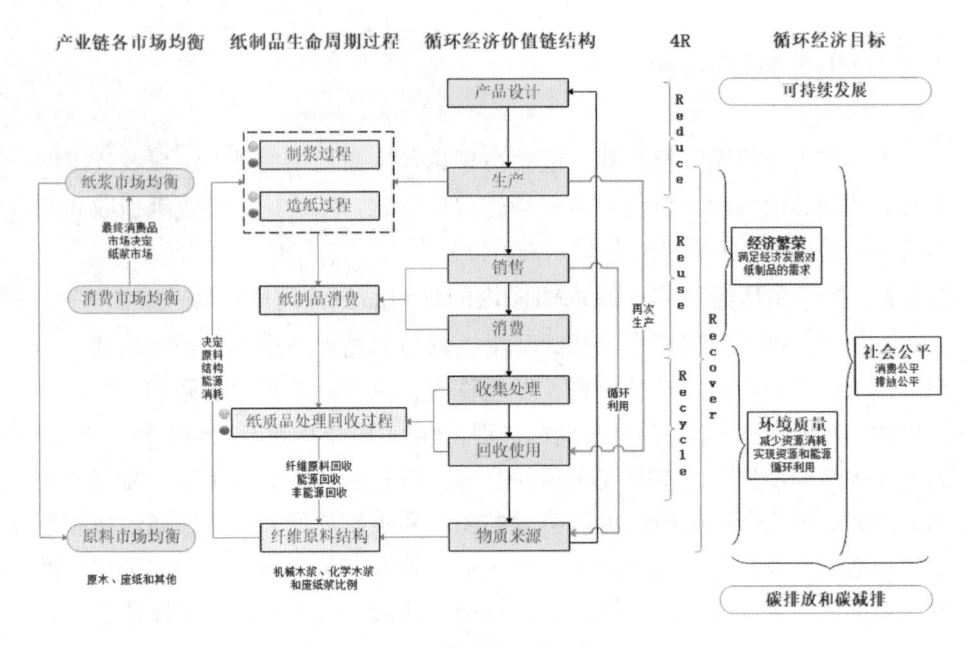

图 3.3　理论框架和研究目标关系图

注：红色球表示能源回收，绿色球表示物质回收。

在循环经济和纸制品生命周期过程中存在着三个关键的市场，分别为原料市场、纸浆市场和纸制品消费市场。这些市场的均衡受到多种因素的影响，其中循环经济的模式将决定造纸产业的纤维原料结构；纤维原料结构的变化将决定原料市场和纸浆市场的均衡状况，还影响生命周期过程中物质的转换过程，尤其是能源和残余物的回收利用情况；而纸制品市场决定纸浆市场和原材料市场的需求，影响产业链上游的市场均衡状况；同时，纸制品的消费行为习惯还影响着其收集和处理过程。因此，产业链市场的均衡影响造纸产业循环经济发展的水平，还影响着纸制品生命周期过程中的物质和能量转换过程，并最终影响整个造纸产业的碳排放水平。

循环经济理论说明 4R 的模式是推动循环经济的主要途径，实现可持续发展目标的重要举措。图 3. 3 反映了 4R 在循环经济价值链、纸制品生命周期过程和产业链的分布。其中，Reduce 主要贯穿于产品的设计和生产过程，以实现资源和能源消耗的最小化；Reuse 反映了再生产和消费过程中实现资源和能源的重复使用(不包含废弃物)，以实现产业的闭环循环；Recycle 反映了消费生产过程中废弃物的回收利用，以实现资源和能源的循环使用；最后 Recover 反映了在生产和消费端填埋、焚烧等过程，以实现对环境的最小影响。

造纸产业循序经济价值链和4R发展模式的目的是实现产业的可持续发展。造纸产业的可持续发展主要是：①满足经济社会发展对纸制品消费的需求；②利用4R的发展模式尽可能实现产业的闭环发展，减少对森林资源的依赖性，实现对环境的最小破坏；③实现中国纸制品消费与排放的公平性。这三个的目标的实现最终都体现为减少造纸产业碳排放量。首先，纸制品需求的增加必然导致在生产、消费和收集处理过程中碳排放量的增加，所以碳排放量反映了消费量的变化。其次，废纸回收利用是4R发展模式的具体体现，废纸回收利用可以减少对森林资源的消耗、降低能源消耗，使对环境的影响最小化；最后，在产业层面的社会公平主要表现为人均消费的公平和污染物排放量的公平，这些均可以表现为碳排放的公平。减少碳排放量是造纸产业实现循环发展的重要目标。而废纸的回收利用反映了循环经济闭环循环的思想，是4R模式在产业中的具体表现，所以废纸回收利用是造纸产业实现循环经济的主要途径。

因此，本研究以循环经济作为研究的核心理论，利用生命周期和一般均衡理论实现物质转换和市场均衡过程的有机结合，分析废纸回收利用对造纸产业碳排放的影响。废纸回收利用作为实现造纸产业循环发展的手段，主要反映了废纸产业回收利用政策、贸易政策和产业发展导向对产业的影响，具体表现碳排放量的影响。三个理论的有机结合可以更好地从经济、社会和物质转换过程三个方面解释废纸回收利用对造纸产业碳排放量的影响，以及如何实现产业的碳减排，实现产业循环发展和碳减排的发展目标。

3.4.2 废纸回收、利用与碳减排关系的分析框架

根据对循环经济和一般均衡背景下纸制品生产周期过程的分析可以发现，废纸回收与利用是一个复杂的经济与物质转换过程，其与碳减排的关系也是非线性和多重反馈传导的结果，所以废纸回收与利用的碳减排效果不仅表现为统计学上的因果回归，更是对纸制品生命周期过程的反映。

(1)废纸回收和利用反映了物质流动的关系，也是循环经济闭环发展理念在造纸产业的实践。废纸回收和利用是影响造纸产业原料供给和消费处理的主要因素。废纸回收与利用有着密切的关系，在发展中国家，废纸的回收主要是为了满足纸制品需求引发的造纸纤维原料的需求；而发达国家在很多情况下废纸回收只是出于环保的目的，并不是完全为了满足纤维原料的需求，部分废纸被焚烧获取能源，部分废纸被出口进入其他国家造纸产业物质循环中，形成了废纸资源在世界范围内的流动。中国是世界最大的木浆和废纸进

口国，造纸的纤维原料严重依赖于国际市场，所以中国的废纸回收与利用不是一个封闭的物质转换过程，是在全球价值链背景下各国纸制品物质转换相互影响的过程，还是世界造纸产业闭环发展的产物。

(2)废纸回收与利用对碳排放的影响渗透到纸制品生命周期过程中的各个环节，其影响通过市场和贸易的方式相互传导。废纸回收与碳减排最直接的关系体现在纸制品生命周期过程中减少了填埋和碳排放。同时，废纸回收受到废纸需求的影响，废纸需求与废纸利用率有着密切的关系，进而决定造纸的纤维原料结构，纤维原料结构决定了在制浆过程中的能源消耗和回收量，还决定了森林资源的消耗量，最终决定了造纸产业的碳排放量。在循环经济理论下，废纸的回收与利用渗透到造纸产业的每个环节，导致其对碳减排的影响形成了复杂的反馈关系。

(3)废纸回收与利用对碳减排的影响是非线性的。废纸回收与利用对碳减排的影响在生命周期各环节的效果存在差异，废纸回收率的上升将增加废纸的利用率，废纸利用率改变了纤维原料结构。废纸利用率的上升一方面增加了制浆过程中的碳排放，起到了增加碳排放的作用；另一方面减少了对森林资源的破坏，以及废纸消费和处理过程中引发的填埋和焚烧的碳排放量。在整个纸制品生命周期过程中，这些环节对碳排放的影响程度不同、方向各异，且各环节之间还通过市场、贸易和物质转换形成了复杂的反馈关系。因此，废纸回收率、利用率和碳排放的计算需要基于这种复杂关系的基础进行衡量和计算，对废纸回收与利用的碳减排效果的分析也应考虑到这种非线性和由反馈关系变化引发的时变性。

基于以上观点，研究需要从全球价值链和全产业链的视角展开估计和预测。研究首先在全球价值链的视角下考虑中国造纸产业在纸制品供需、纤维原料结构上的变化，及其对废纸回收、利用和碳排放的影响，还需考虑从森林资源到纸制品消费处理整个产业链中物质的流动和转换过程。因此，研究需要一个具备全球价值链和物质转换分析能力的模型来估计和预测废纸回收、使用中的碳排放量：①需要更准确地计算废纸回收率，尤其是废纸的损耗和回收周期的计算为构建更准确的 LCA 模型提供依据；②选取具备分析全球造纸产业能力的模型，并与 LCA 模型组合形成组合模型为研究的开展提供主要分析工具；③利用组合模型对纸制品供需、纤维原料进行历史模拟和预测，并在此基础上计算废纸回收率、利用率和碳排放量。

其后，研究根据废纸回收与利用的关系提出假设，分析了废纸回收与利用对碳减排影响效果的时变和非对称特征。研究根据 LCA 模型提供的纸制品物质转换过程提出了废纸回收、利用与碳减排关系的假设；从参数时变的视角回答了废纸回收与利用的碳减排效果是否稳定，以及减排效果的趋势问题；从动态关系的视角回答了废纸回收与利用对碳减排的非对称效应以及减排强度问题。最后，根据废纸回收利用与碳减排的关系，选取了现阶段影响废纸回收与利用的关键政策作为研究对象，利用组合模型模拟预期效果，并以此为依据给出了政策建议。

综上，研究基于循环经济理论分析了造纸产业中废纸回收和利用对碳排放量的影响，检验了是否存在碳减排效果、计算了碳减排的强度。研究把对废纸回收与利用的碳减排效果的分析放在全产业链背景下，以及中国与国际市场均衡和造纸产业链物质守恒的框架下，考虑废纸回收与利用的复杂市场行为和物质转换过程导致的非线性关系，更科学、准确地探讨了废纸回收与利用的碳减排作用。

4

纸制品生产、消费和回收利用现状

本章主要介绍中国造纸产业的发展和废纸回收利用的现状。中国废纸回收的根本动力是满足快速增长的纸制品需求产生的纤维原料消耗。因此，本章首先介绍纸制品的生产消费现状，为判断未来废纸回收潜力和需求量提供依据；然后，从国际市场的视角分析了世界废纸市场的现状，以及中国废纸回收利用现状，为分析中国废纸回收利用对世界的影响提供依据。本章为研究的开展提供了数据支撑。

4.1 纸制品的生产与消费现状

4.1.1 中国纸制品生产现状

2018 年中国生产纸制品 10840 万吨，约为世界总量的 1/4，比 2017 年同比减少 6.2%。在 1990—2018 的 29 年间，中国纸制品只在 2013 年和 2018 年出现了负增长，以远高于世界平均增速的年平均增长速度 7.6%高速增长，在 2017 年达到峰值，产出的纸制品是 1990 年的 8 倍。中国纸制品的生产大概分为三个阶段，1990—2001 年 12 年的起步阶段、2002—2011 年 10 年的黄金高速发展阶段、2012—2018 年 7 年间增速放缓阶段。中国 1990 年在世界纸制品生产中仅占 6%的比重，1990—2001 年 12 年间以年平均增速 8%的速度使得纸制品产量翻了一番，在世界纸制品生产中占据 1/10 的比重。加入世贸组织后，中国造纸行业飞速发展，2002—2011 年 10 年间以年平均增速 12%的速度迅速扩大到 2001 年纸制品产量的三倍，在 2011 年就占据了世界纸制品产量的 1/4，成为世界第一大纸制品生产国。2012 年后，中国纸制品生产增速放缓，2012—2017 年 6 年间年平均增速为 2%，甚至由于 2018 年国内废纸进口政策的缩紧，出现了 6.2%的大幅负增长(图 4.1)。

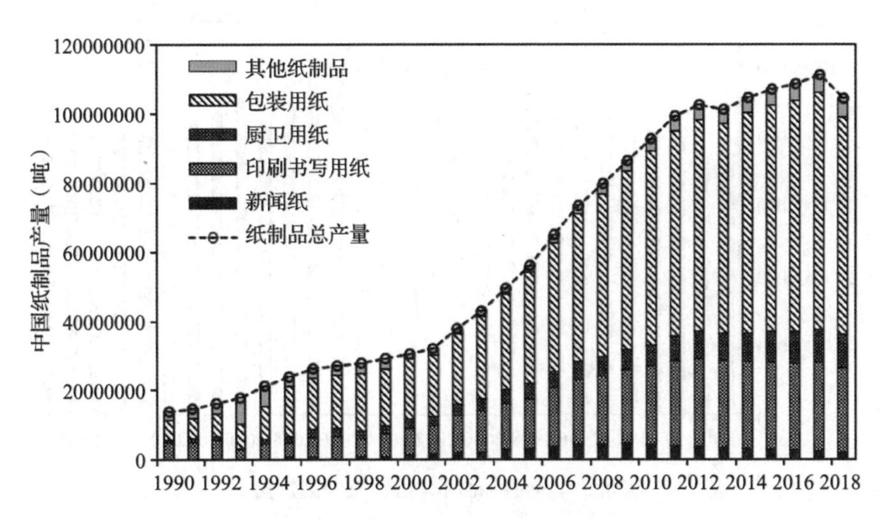

图 4.1　1990—2018 年中国纸制品产量

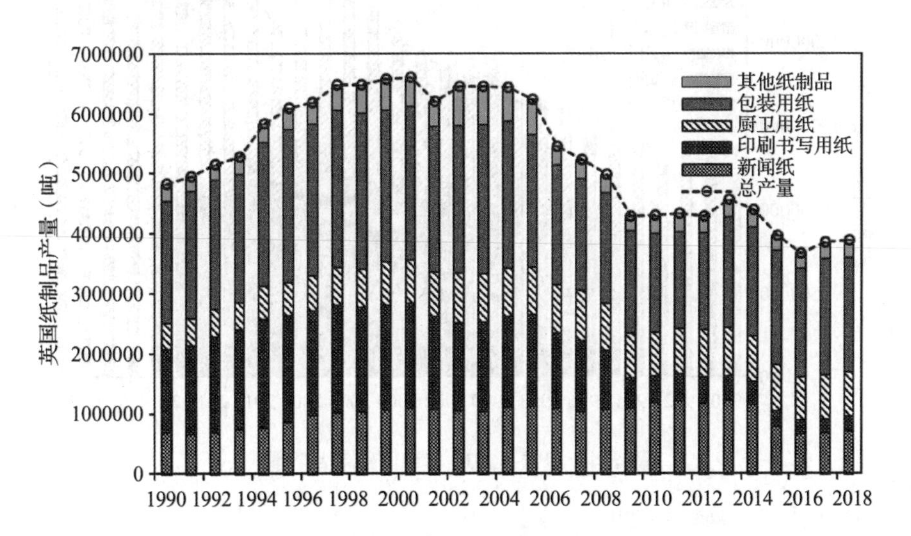

图 4.2　1990—2018 年英国纸制品产量

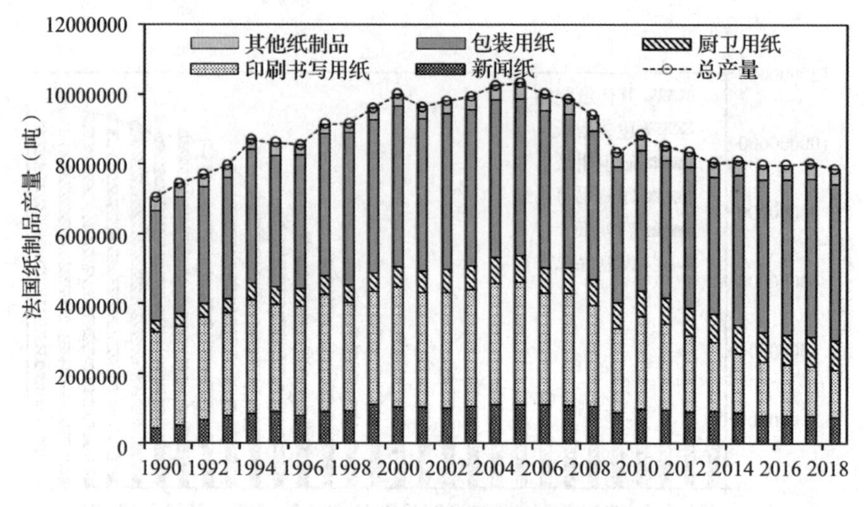

图 4.3　1990—2018 年法国纸制品产量

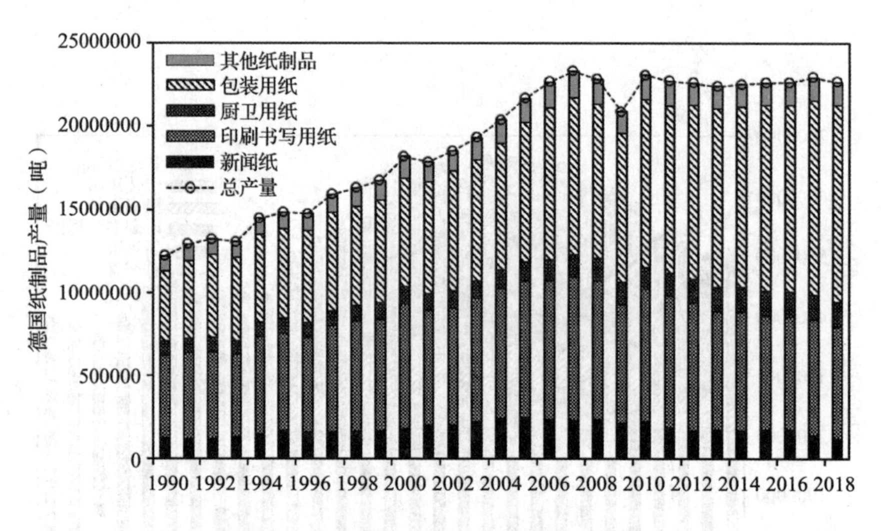

图 4.4　1990—2018 年德国纸制品产量

数据来源：FAO 数据库，2019。

中国造纸业生产最多的纸种是包装用纸和印刷书写用纸，总体来看，大约 3/5 的纸制品为包装用纸，1/4 的纸制品为印刷书写用纸，1/10 的纸制品为厨卫用纸，新闻纸和其他纸制品的比重较小。新闻纸的生产比重显示先增加后减少的趋势，峰值为 2007 年的 6.1%占比，产量在几百万吨体量浮动，连续十年的新闻纸产量下降，使得 2018 年新闻纸仅占纸制品总产量的 1.8%。

印刷书写用纸的年平均增速为 8.1%，自 2011 年以来增速放缓，纸种比重在 1/4 左右浮动。厨卫用纸约占 2018 年纸制品总产量的 1/10，2001 年加入世界贸易组织以来从未出现负增长，以 8%的年平均增长速度稳步增产。包装用纸自加入世界贸易组织以来高速增产，2002—2011 年十年来以明显高于其他纸种的年平均增速 13%飞速增产，2012 年以来增速放缓，2012—2017 六年间的年平均增速仅 2.4%，以废纸为主要原料的包装用纸受 2017 年废纸价格飙升影响最为严重，2018 年同比减产 8.3%。其他纸制品在 2018 年纸制品的生产中虽然只占到 5%，但近五年增速相比其他纸种增速较快，年均增速 5.6%。

4.1.2 中国纸制品消费现状

4.1.2.1 纸制品消费总量

中国纸制品生产主要以满足内需为主，进出口量仅为产量规模的很小一部分。根据 FAO 数据，中国 2018 年纸制品产量为 10435 吨，消费量为 10532 万吨，消费量约占世界总量的 1/4。中国纸制品消费量走势与产量走势基本趋同，大概分为三个阶段：1990—2001 年十二年的起步阶段，2002—2011 十年的黄金高速发展阶段，以及 2012—2018 年七年间增速放缓阶段。中国 1990 年的纸制品消耗量仅占世界总量的 6.6%，1990—2001 年十二年间以年平均增速 9%的速度使得中国纸制品消费量从 1990 年非常低的水平增长到原来的 2.5 倍，达到 2001 年 3697 万吨的消费水平，占世界总量的 11.7%。加入世界贸易组织后的十年是中国纸制品消费的黄金增长时期，2002—2011 十年间以年平均增速 10.3%的速度迅速扩大到 2001 年纸制品消费体量的近三倍，消费约 1/4 的世界纸制品，成为世界第一大纸制品生产国和消费国。2012 年后，中国纸制品消费增速放缓，2012—2017 年六年间年平均增速为 1.9%，由于 2018 年纸制品主要原料废纸的国内价格飙升，出现了 4.2%的负增长(图 4.5)。

2018 年中国消费纸制品最多的纸种是包装用纸和印刷书写用纸，分别占中国消费总量的 61.2%、22.3%。1990—2018 年包装用纸和厨卫用纸的消费量不断增大，厨卫用纸从 6%的国内纸种消费比重上升到 9.1%，包装用纸从 38.7%的国内消费比重上升到 61.2%；而新闻纸和印刷书写用纸受新媒体兴起等的影响显现出先增长后减少的趋势，其中印刷书写用纸分为涂布和非涂布，受到的影响不尽相同，虽发达国家的印刷书写用纸消费下降比较明显，但中国由于各种因素的影响变化并不明显，印刷书写用纸自 2011 年以来维持在 2300 万吨的消费体量。

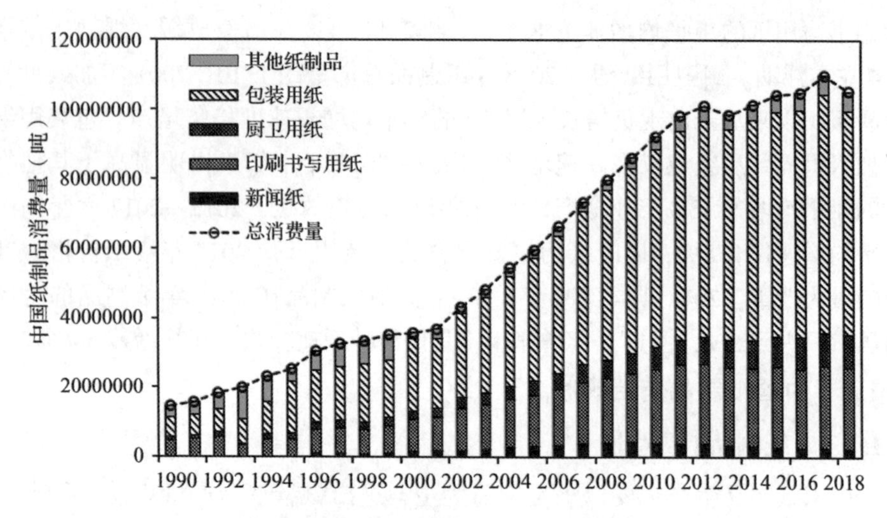

图 4.5　1990—2018 年中国纸制品消费量

数据来源：FAO 数据库，2019。

4.1.2.2　人均纸制品消费与 GDP 的关系

由于人口不同，各个国家总的消费量无法反映出纸制品真实的人均消耗程度，人均消费量能够更真实地看到各国纸制品消费者的需求。根据 FAO 数据库和 UNcomtrade 纸制品贸易数据库 2018 年的数据来看，作为纸制品消费总量和产量第一大国，中国在世界人均纸制品消费量中未排第一，甚至于未列入纸制品人均消费大国的前 30 名。纸制品人均消费量排名前 20 位的国家均为发达国家，分别为北美地区的美国和加拿大，东亚地区的日本和韩国，澳大利亚，以及其余 15 个欧洲发达国家如芬兰、瑞典、斯洛文尼亚、奥地利、德国、卢森堡(同时为世界人均纸制品消费量排前六位的国家)。英国、丹麦都属于高度发达地区，但人均纸制品消费量并未排在前 20 位，分别排在第 23 和第 26 位，主要原因是随人均 GDP 的不断提高，到达一定阈值后人均纸制品消费量会下降，同时也表示英国和丹麦两国民众环保意识较强，纸制品消费较为节约。美国、日本和韩国分别位列第八、第九和第七位，人均消费量分别为 229.3 千克、196.5 千克和 234.6 千克。

根据 FAO 数据库和 UN comtrade 纸制品贸易数据，得到 2018 年的世界各国纸制品人均消费量与人均 GDP 散点图，2018 年世界各国人均纸制品消费量与人均 GDP 的关系如图 4.6。在人均 GDP 小于 50000 美元时，人均纸制品消费量显著与人均 GDP 相关，随着人均 GDP 的升高而增大，如德国、日本、加拿大、意大利等国；人均 GDP 高于 50000 美元时，人均纸制品消费量不再与人均 GDP 显著正相关，甚至有些国家出现下降趋势，如瑞士、挪威、爱尔兰、新加坡等国，人均纸制品消费量处于一个相对较低的水平。

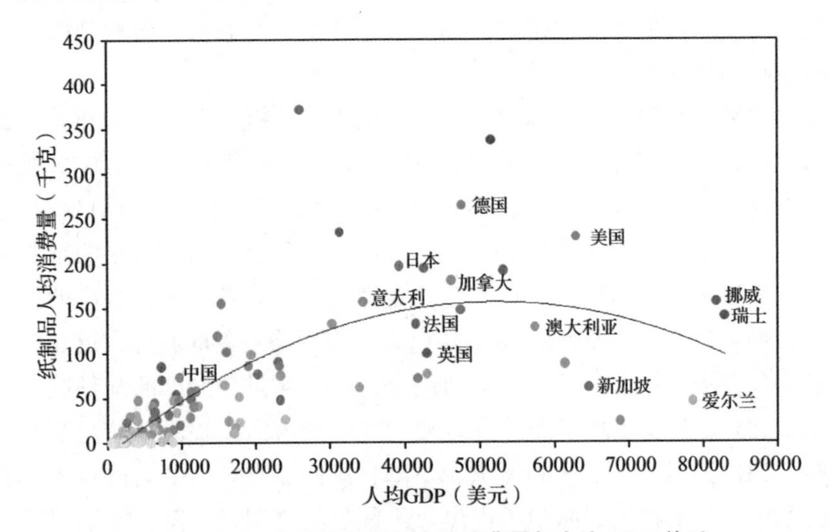

图 4.6　2018 年世界纸制品人均消费量与人均 GDP 关系

数据来源：FAO 数据库和 UN comtrade 数据库。

根据 FAO 数据将世界人均 GDP 与人均纸制品消费量加总计算平均数，得出 1990—2018 年世界人均 GDP 和世界人均纸制品消费量的走势，如图 4. 6 所示。世界范围的人均 GDP 呈不断上升态势，而人均消费量呈现明显的倒 U 型走势。1990—2008 年，世界人均 GDP 与人均纸制品消费量呈高度相关，随着世界范围人均 GDP 的上升，人均纸制品消费量也紧随之增加；2008 年到达一定阈值后，人均纸制品消费量不再随人均 GDP 的上升而增加，反而呈不断减少的态势，但仍受到 2009 年和 2015 年等经济波动的影响，跟随经济的大幅增长而下降速度放缓或停滞。

4. 1. 3　中国纸制品贸易现状

中国 2018 年出口纸制品 115. 7 万吨，进口纸制品 270 万吨，是世界第 15 位出口国和第 5 大纸制品进口国，分别占世界总量的 2. 2%和 5. 3%。2018 年中国纸制品产量 1 亿吨，出口量和进口量分别是产量的 1. 2%和 2. 7%。

自入世界贸易组织以来，中国纸制品的出口量呈高速上升态势，受经济危机影响在 2008—2010 年出现小幅下降后继续稳步增长；在 2014—2016 年大幅上升，但由于 2017 年环境规制的加强继而大幅下跌。在 2014 年纸制品出口大幅增加情况下，出口的平均价格并未出现大幅下降，反而在 2017 年出口量下降时，价格出现大幅上升，这可能与 2017 年以来由于环境管制废纸价格的增长有关。2018 年纸制品总出口量为 115.7 万吨，同比下降 77.8%。出口的平均价格受出口量的负向影响波动，但总体呈上升态势，平均价格在 1 美元/千克浮动(图 4.7)。

在中国纸制品的出口结构中，书写纸的出口占据了约 3/4 的比重，2016 年出口量高达 460 万吨。厨卫用纸、包装纸以及其他纸制品的出口量在近几年均有明显的上升，维持在几十万吨的贸易体量水平；新闻纸出口量在 10 万吨以下。厨卫用纸和包装纸的出口量稳步增长，新闻纸在近 27 年的纸制品贸易发展中出口份额不断减少，近 5 年稳定在了一个较低水平，相应的，书写纸所占份额不断增加，尤其是 2014 年以来一带一路政策的利好，近 5 年随纸制品总出口量的增加书写纸占比达到顶峰。2017 年进口废纸的配额减少，环境规制的加强，使得依赖于国外进口废纸的以废纸为主要原料的造纸产业成本增加，2018 年的纸制品出口量大幅下降，纸制品出口的平均价格随之明显上升。其中书写纸在纸制品中所占出口份额也随之明显下降，生活用纸的出口受到的影响较小，下降不明显，主要是由于生活用纸的原料多为木浆，受废纸价格飙升的影响较小(图 4.7)。

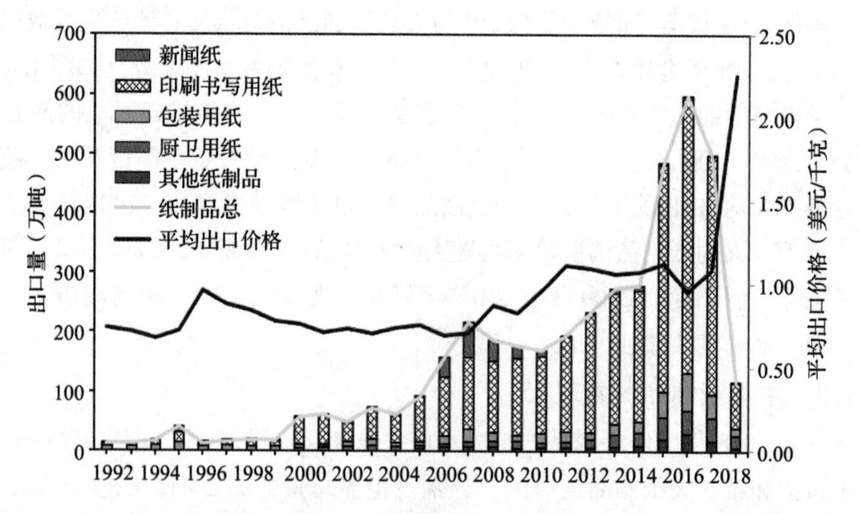

图 4.7　1992—2018 年纸制品出口量与平均价格

数据来源：UN comtrade 数据库。

中国 2018 年纸制品总进口量为 270 万吨，同比下降 34.3%。纸制品的进口量在 1999 年后就不断下降，从 1999 年的 390 万吨下降到 2014 年的 110 万

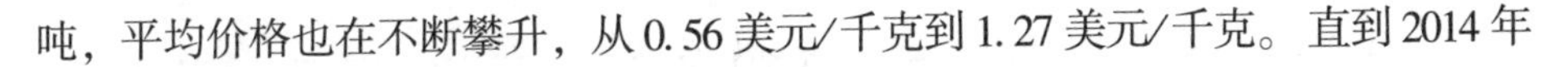

吨，平均价格也在不断攀升，从 0.56 美元/千克到 1.27 美元/千克。直到 2014 年

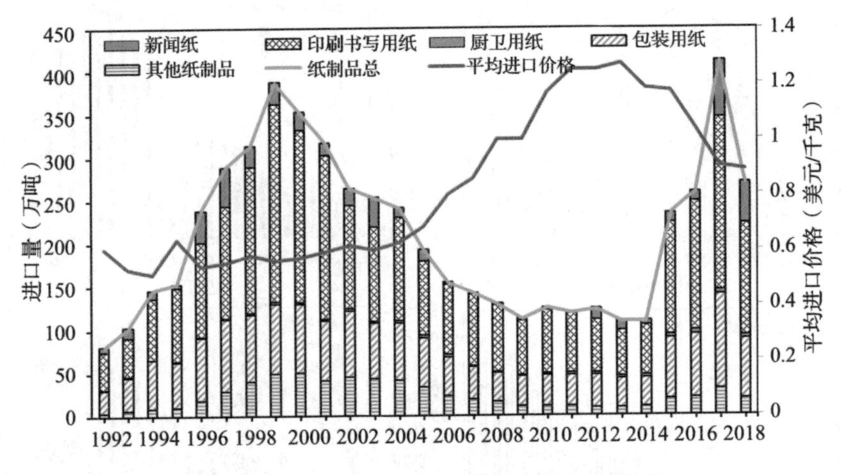

图 4.8 1992—2018 年纸制品进口量与平均价格

数据来源：UN comtrade 数据库。

一带一路政策的利好，纸制品的进口量才开始回升，2015 年进口量为 230 万吨，是 2014 年的 2.09 倍。但强劲增长的势头在 2018 年受到环境规制加紧，进口配额降低以及国内需求疲软的影响，迅速回落到 2005 年的进口体量。平均进口价格经过 1999—2014 年 16 年的攀升也随着一带一路政策的利好而逐渐回落，尽管 2018 年进口量骤减，平均进口价格也并未出现较大波动(图 4.8)。

在中国纸制品的进口结构中，印刷书写用纸和包装纸占据较大比重，在百万吨水平浮动，厨卫用纸进口占比最小，在十万吨以下水平。由于加入世界贸易组织以来中国新闻纸和印刷书写用纸等文化纸的产能过剩等原因，进口量在 1999 年达到峰值后一路下降到 2014 年；2015—2017 年新闻纸和印刷书写用纸进口量显著增加，大约占到总进口量的 3/5，尤其是新闻纸的进口增长幅度最大，由于 2017 年废纸价格飙升，而新闻纸的原料绝大部分为废纸，新闻纸受到影响较大，进口比重显著增加(图 4.9)。

中国的纸制品出口贸易结构从严重依赖中国香港和日本，逐步发展到比较安全的贸易结构，尤其是 2014 年一带一路政策的利好，中国一部分的纸制品出口份额被一带一路沿线国家，如越南、印度、泰国、土耳其和菲律宾等国家分担，使得中国纸制品出口的贸易结构在近五年得到显著优化。2018 年，中国纸制品出口最多的地区中国香港也仅有十万吨，不足总出口量的 10%，其次为澳大利亚、越南、印度、伊朗、菲律宾等国，占比也比较均匀，出口量均在七、八万吨左右(图 4.10)。

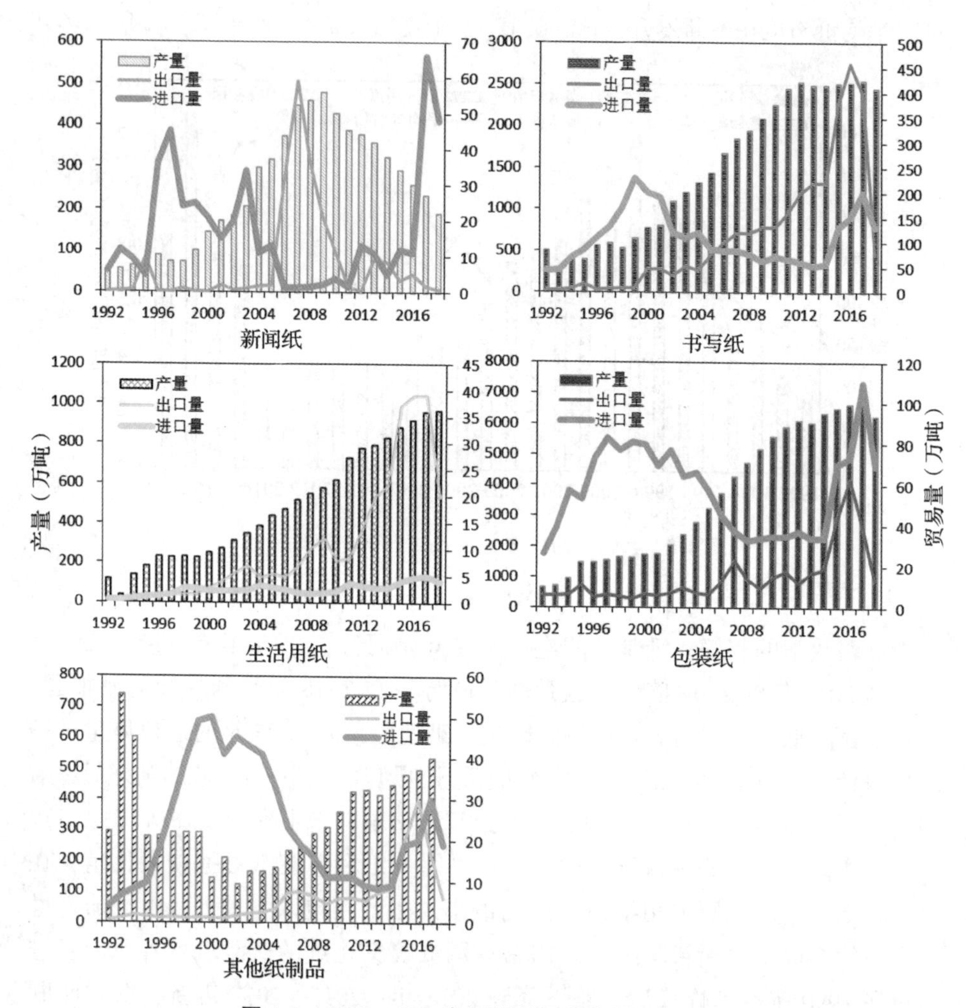

图 4.9　1992—2018 年纸制品纸种产量和贸易量

数据来源：FAO 和 UN comtrade 数据库。

中国新闻纸和厨卫用纸的出口国较为局限，2017 年以来价格飙升的废纸为原料的新闻纸波动较大，近两年出口国和地区主要在朝鲜和中国香港，2018 年仅出口到朝鲜的新闻纸就占据了总出口量的 59%。厨卫用纸主要出口到澳大利亚和美国，出口到澳大利亚的份额占生活用纸总出口量的一半左右，2014 年一带一路的利好使得柬埔寨、缅甸、越南和马来西亚等国占据了更多的中国厨卫用纸的出口份额，生活用纸的出口结构得到改善。

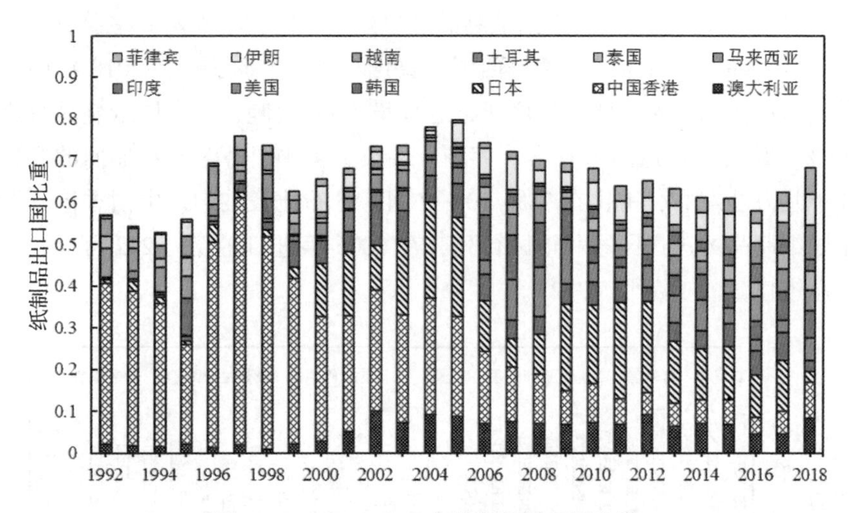

图 4.10　1992—2018 年纸制品出口国比重

数据来源：UN comtrade 数据库。

印刷书写用纸出口量达总出口量的 4/5，如图 4.11 列出印刷书写用纸的出口国比重。印刷书写用纸的贸易结构更加合理安全，不仅出口到贸易伙伴国的比重趋于均等合理，国家也更加多元，同样受到一带一路倡议影响，更多地出口到土耳其、泰国、马来西亚、印度、菲律宾等国。

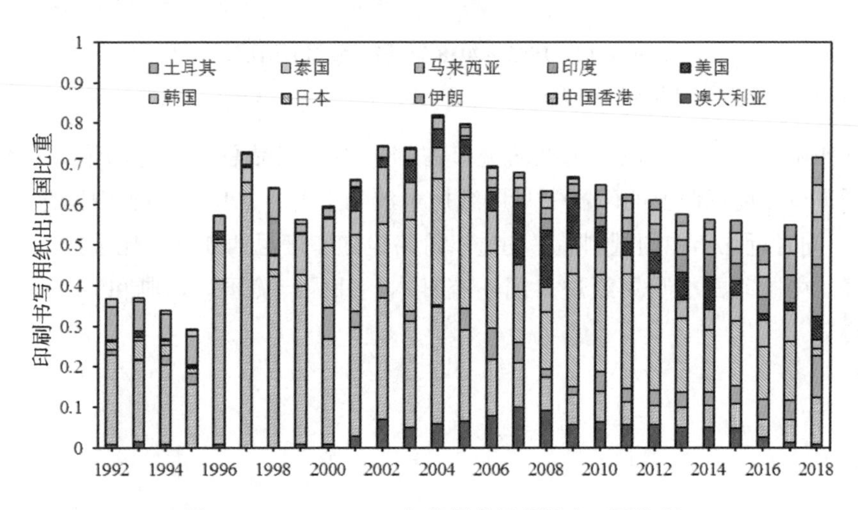

图 4.11　1992—2018 年印刷书写用纸出口国比重

数据来源：UN comtrade 数据库。

1992—2018 的 27 年间中国纸制品进口国和地区比较固定，主要有中国香港、美国、韩国、日本、印度尼西亚、德国、芬兰、瑞典等。2018 年中国纸制品进口最多的国家是印度尼西亚，进口量为 48 万吨，占中国纸制品总进口的 18%。其次为发达国家日本、韩国、瑞典、美国、芬兰，对他们的进口量均在十几万吨左右，占比在 7%～10%之间，分布比较均匀。中国香港逐渐退出中国纸制品的进口国家和地区行列，在 2006 年进口量仅为 2.2 万吨，不足中国总进口量的 1%(图 4.12)。

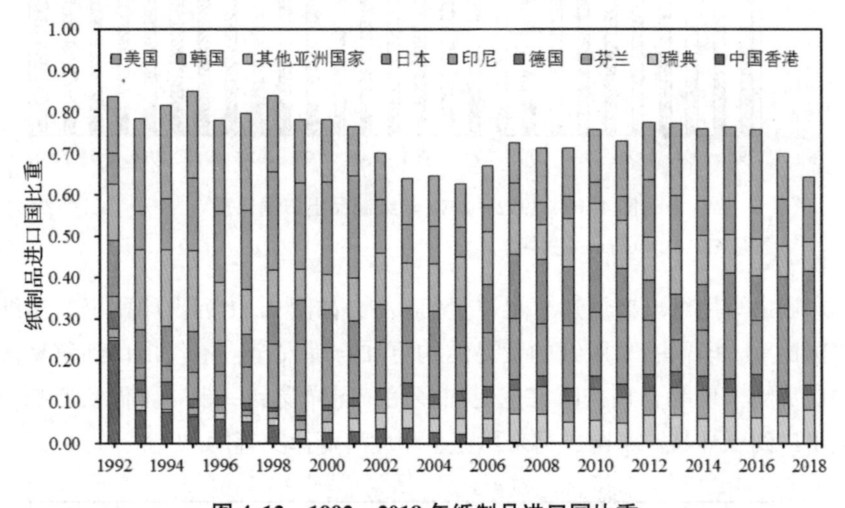

图 4.12　1992—2018 年纸制品进口国比重

数据来源：UN comtrade 数据库。

印刷书写用纸和包装用纸的进口占据中国纸制品总进口量的绝大多数，中国进口印度尼西亚的印刷书写用纸比重波动上升，2018 年约占中国总量的 2/5，同时近几年中国纸制品平均进口价格也随印度尼西亚进口比重的上升而下降。中国印刷书写用纸进口国还有日本、韩国、美国、瑞典和芬兰等(图 4.13)。

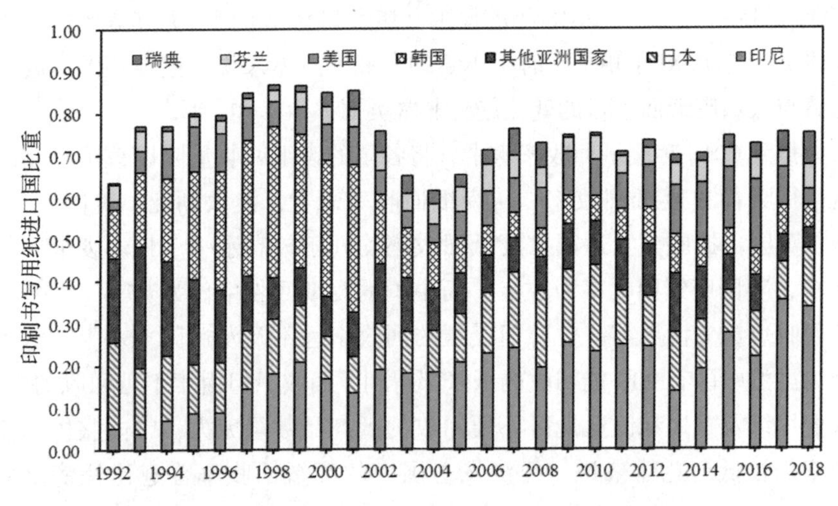

图 4.13 1992—2018 年印刷书写用纸进口国比重

数据来源：UN comtrade 数据库。

4.2 废纸回收利用现状

4.2.1 世界废纸回收利用现状

从废纸回收总量来看，废纸回收大国主要有中国、美国、日本、韩国和欧盟发达国家。其中，中美两国回收量最多，2018 年中国回收废纸 4900 万吨，美国回收废纸 4800 万吨，日本紧随其后，回收废纸产量 2100 万吨，位居第三。德国和韩国分别为第四大和第五大回收废纸产量大国，分别为 1500 万吨和 850 万吨。经济水平相对较高的国家的废纸回收量普遍比经济落后国家要多。

从人均废纸回收量来看，2018 年排名前五位的分别为德国、澳大利亚、日本、瑞士以及荷兰，都在 150 千克以上，其中德国人均废纸回收为 180.45 千克。而废纸回收总量大国美国的人均废纸回收量为 146.75 千克，仅排世界第六位。中国虽然废纸回收总量为世界第一位，但人均废纸回收量只有 33.58 千克，仅达世界中游水平，这一结果与上文研究中提到的中国纸制品人均消费量水平较低有关，人均消费量少，人均回收量相应也不高。总体来说，人均废纸回收量普遍较高的国家或地区的经济也较为发达。

从时间趋势角度分析，各洲的废纸回收大国的废纸回收情况有所差异。美国和日本的废纸回收量和人均废纸回收量在 90 年代初已经达到较高水平，近30年保持相对稳定。2018年的德国、澳大利亚和中国，尤其是中国的废纸回收情况，与1990年相比，有了迅猛的发展。总体来说，世界各国的废纸回收总量与人均废纸回收量的变化趋势非常类似。

为得到2018年废纸回收率水平，将各国的废纸回收量除以该国纸制品的消费量得到简单废纸回收率。从废纸回收率来看，澳大利亚、美国、日本、瑞士、英国、挪威等发达国家废纸回收率均处于较高水平。日本废纸回收率为84%，美国废纸回收率为69%，而中国的废纸回收率仅为45%。虽然中国废纸回收总量为世界第一位，但废纸的回收率远不及发达国家水平，这可能是因为虽然中国有90%能回收的纸张都得到了回收，但由于不可回收的生活、工农业用纸及藏书和偏远地区不便回收的纸产品数量庞大，中国整体的废纸回收率仍较低。总体来说，经济发达国家的废纸回收率普遍比经济落后国家高。

从再生木浆的消费情况来看，1990—2018年间，再生木浆使用较多的国家分布在北美洲、欧洲、大洋洲及东亚，主要是一些经济水平相对较高的地区。2018年再生木浆的使用范围比1990年更广，用量更多。1990年再生木浆使用量排名前三位的国家分别为美国、日本、德国，其中美国的再生木浆使用量已达到2106万吨，第二位的日本也有1183万吨的使用量。而2018年，中国成为了世界再生木浆使用量第一的国家，使用量高达5345万，远超其他国家，比位列第二的美国高出一倍还多。说明欧美发达国家的再生木浆使用量在90年代开始已达到平衡期，上升态势不显，而中国后来居上，在再生木浆使用方面实现了重大突破，为木浆可持续发展奠定了坚实的基础。

从人均废纸使用量来看，使用量较高的地区集中在东亚、北美和欧洲。1990年人均废纸使用量最高的国家排名前四为日本、荷兰、瑞典、美国，人均废纸使用量都在100千克以上。而2018年，人均废纸使用情况有了很大的变化，前四位的国家分别为奥地利、德国、斯洛文尼亚及韩国，都是后起之秀，没有一个是1990年排名前列的国家。同时对比再生木浆使用情况来看，欧洲一些再生木浆使用量较小的国家的人均废纸使用量却并不低，这与再生木浆的使用分布情况差异很大，其中，奥地利再生木浆只有214.65万吨，但人均废纸使用量甚至成为了世界第一。中国的人均废纸使用量还处于世界中游水平，仍有较大的提升空间，这可能是因为中国人均纸制品消费量本身较低的缘故。

从废纸利用率来看，废纸利用率最高的地区主要集中在非洲和亚洲，而北美、欧洲各国的废纸利用率相对较低。这主要是因为废纸造纸的成本要比木浆、草浆造纸成本低，生产周期短，因此废纸利用率较高的国家主要分布在经济发展水平不高的亚非拉地区。另外，美国、加拿大、俄罗斯以及澳大利亚等发达国家森林资源相对较为丰富，因此，大部分废纸利用率较低。

从时间趋势来看，世界各国的废纸利用率变化趋势略有不同(图 4.14)。出于对可视化的要求，研究选取四个代表性国家对废纸利用率变化趋势进行分析。1990—2018 年美国和中国的废纸利用率变化都不大，美国从 1990 年的 28.90%增加到 2018 年的 33.58%，中国从 1990 年的 70.60%减少到 2018 年的 62.62%。澳大利亚的变化趋势波动较大，首先经历了 1990—2000 年的上升期，然后是 2000—2002 年的下降期，接着是 2002—2016 年的平稳期，最后是 2017—2018 年的回升期。日本的废纸利用率一直处于稳步提升的状态，从 1990 年的 46.63%最终增加到 2018 年的 67.74%。

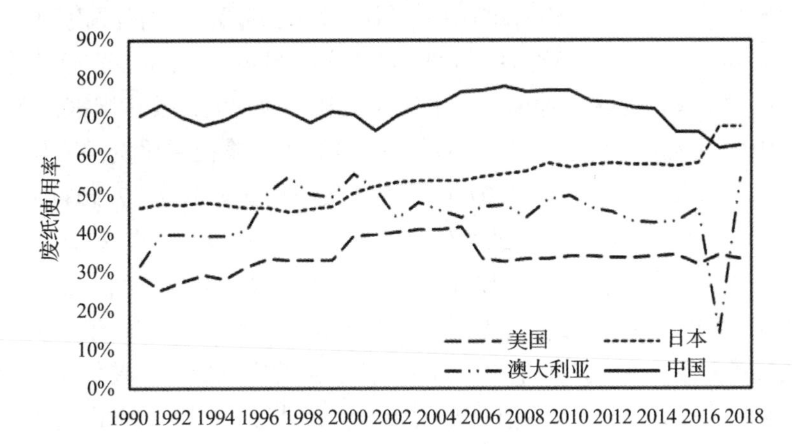

图 4.14 各国废纸利用率趋势图

数据来源：FAO 和 UN Comtrade 数据库。

4.2.2 中国废纸回收利用现状

中国废纸回收利用潜力较大。长期以来，中国造纸行业表现出高耗能、高污染及高消耗的特点，这与当前绿色发展的理念相冲突。由于废纸可以被再次利用作为造纸的原料，因而是节能减排效果显著的再生资源品种之一。中国再生资源回收利用协会废纸分会统计数据显示，2015 年以来我国废纸回收量整体处于上行的趋势，其中 2018 年的回收量已达到 6182 万吨，同比增长 13.2%。2019 年受中美贸易争端及终端需求下降的影响，废纸回收量略有下降。可以预见的是，随着国内消费的逐渐平稳增长和未来造纸行业的产业结构转型升级，国内废纸回收量将会逐年增加，在造纸原料中的比重也会逐年上升。

中国废纸质量提高较为困难。根据中国再生资源回收利用协会废纸分会2019年统计，年加工能力在3000吨以上、营业额超过500万的加工企业不少于一万家。而年经营量1万~1.5万吨的废纸加工配送企业数量约为3500家，年经营量超过10万吨的仅有20家左右。此外，废纸加工回收企业主要分布于华东区域，西南、华中、东北和西北数量较少。可见，我国废纸分拣加工行业分布较为分散，网点规模小，多为个体经营。这一方面反映出该行业亟需转型升级的必要性，一方面也表明了行业监管的困境。在这种情况下，我国废纸回收长期以来质量难以提高，废纸回收企业和造纸企业之间契约关系难以形成，一些规范经营企业在不公平的市场环境中被迫减产退出等严重阻碍行业发展的弊病也日益显露出来。

中国与其他20国集团(G20)中具有代表性的英国、美国等国家在1990—2018年废纸回收率和废纸浆使用比例的变化如图4.15所示。在这十个国家中，英国、美国、法国、德国、日本、意大利、加拿大是发达国家，而巴西、印度、中国是发展中国家。如图所示，中国的废纸浆使用比例一直处于一个较高的水平，最高点出现在2007年，废纸浆使用比例高达77.96%，但当年的废纸回收率仅为38.36%，虽然处于不断提高的趋势，并在2018年提高到了49%，但与其他发达国家相比废纸回收率还有很大进步空间。巴西作为另一个发展中国家，废纸浆使用比例一直处于较低的水平，2000年是废纸使用比例最高的年份，但仅仅只有22.63%，但巴西的废纸回收率要优于其废纸浆使用比例，自2017年起，一直处于大于50%的水平。印度的情况与巴西恰恰相反，印度的废纸浆使用比例较高，2018年高达69.44%，但废纸回收率却一直处于很低的水平。

而对于发达国家来说，加拿大的废纸浆使用比例一直处于最低的水平，最高仅达19.62%，是2018年的最新水平；废纸回收率相对较好，但与英国、德国等其他发达国家相比仍有较大差距。美国的废纸浆使用比例和废纸回收率相差不大，都处于中等水平；英国的废纸浆使用比例和废纸回收率都比较高，特别是废纸回收率，从2011年开始一直处于100%的水平。而其他发达国家，德国、法国、日本、意大利之间的差距并不明显，均为废纸浆使用比例高于废纸回收率，但两者都处于相对较高的水平。

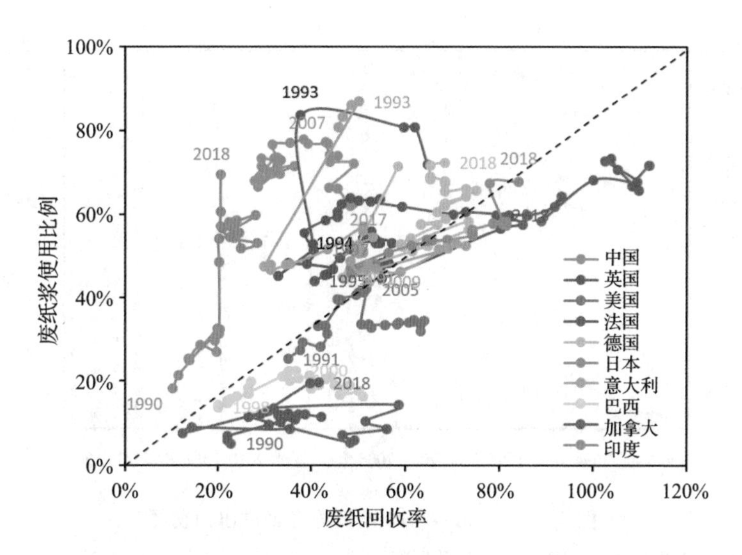

图 4.15 中国、美国等十国的废纸浆使用比例和回收率

数据来源：FAO 和 UN Comtrade 数据库。

4.3 废纸贸易情况分析

4.3.1 世界废纸贸易情况

纸类在可回收废品中是数量最多的类别之一，由于木材资源具有长周期、易耗竭的特性，因此废纸作为一种重要的可再生资源成为国际市场上最主要的贸易对象之一。无论从贸易额还是贸易量来看，1990 年以来，世界废纸进出口贸易实现了较大的发展。具体来说，1990—2012 年的世界废纸进出口贸易整体呈现上升的趋势，但 2012 年后，废纸进出口贸易额或贸易量都出现了或多或少的下滑，尤其 2018 年，废纸进出口额和进出口量几乎跌至近十年的最低点，全球纸业低迷(图 4.16)。这可能是由于中国减少对洋垃圾的进口以及中美贸易战的影响。

进一步分析 2018 年废纸进出口贸易排名前十的国家。如图 4.17 所示，废纸的出口大国多为经济较为发达的国家，废纸的进口大国多为发展中国家。从废纸的进出口量来看，美国 2018 年的废纸出口量高达 1900 万吨，占世界废纸出口总量的 41%；英国废纸出口量为 454 万吨，仅次于美国，占世界废纸出口总量的 10%；荷兰、德国、法国、意大利、波兰、西班牙和比利时七个欧洲国家和澳大利亚也占据了一定的出口市场份额，加总占世界废纸出口

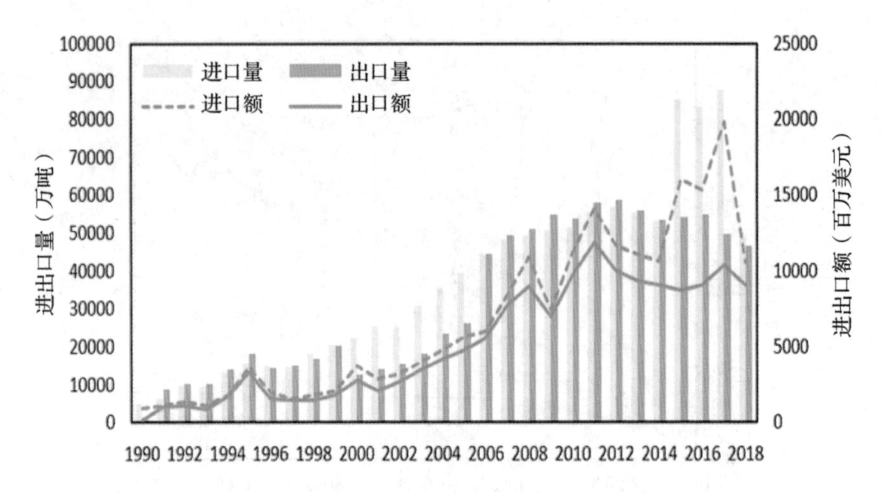

图 4.16　1990—2018 年世界废纸进出口贸易

数据来源：FAO 和 UN Comtrade 数据库。

总量的 31%。中国是第一大废纸进口国，2018 年进口废纸 1700 万吨，占世界废纸总进口量的 35%；其次是印度，进口废纸 640 万吨，占世界废纸进口总量的 13%。另外，废纸的进口大国还有印度尼西亚、泰国等初级工业品加工大国。

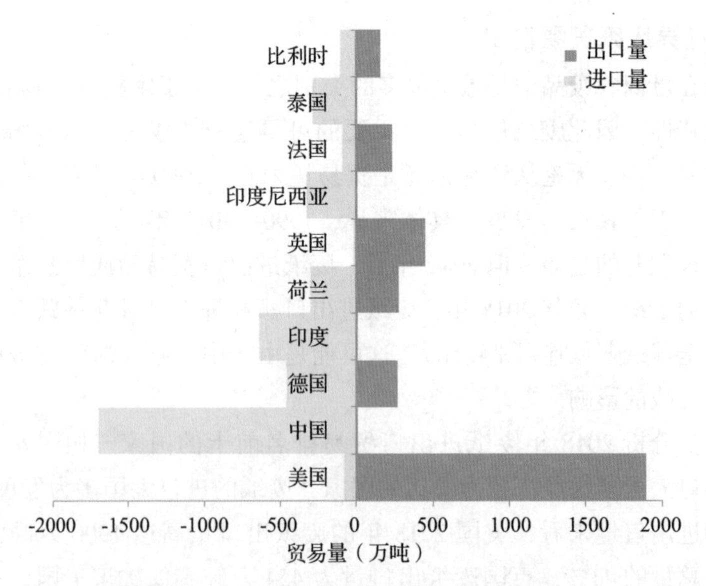

图 4.17　废纸进出口贸易总量排名前十的国家

从废纸的进出口贸易额看，作为世界第一大废纸进口国，中国 2018 年的废纸进口额达 4300 百万美元，占世界进口总额的 40. 68%；位列第二的印度，废纸进口额为 1300 百万美元，占世界进口总额的 12. 30%；印度尼西亚、泰国等经济水平较低的国家也在 2018 年进口了大量的废纸。作为世界第一大废纸出口国，美国 2018 年废纸出口额达 3300 百万美元；同样，英国、日本、法国等发达国家也都在世界废纸出口总额中占比较高。德国和荷兰等国既是废纸的出口大国，也是废纸的进口大国。以德国为例，2018 年废纸平均出口价格 0. 178 美元/千克，平均进口价格为 0. 145 美元/千克，2018 年，出口额 390 百万美元，占总出口额的 4. 32%，进口额 820 百万美元，占总进口额的 7. 76%(图 4. 18)。

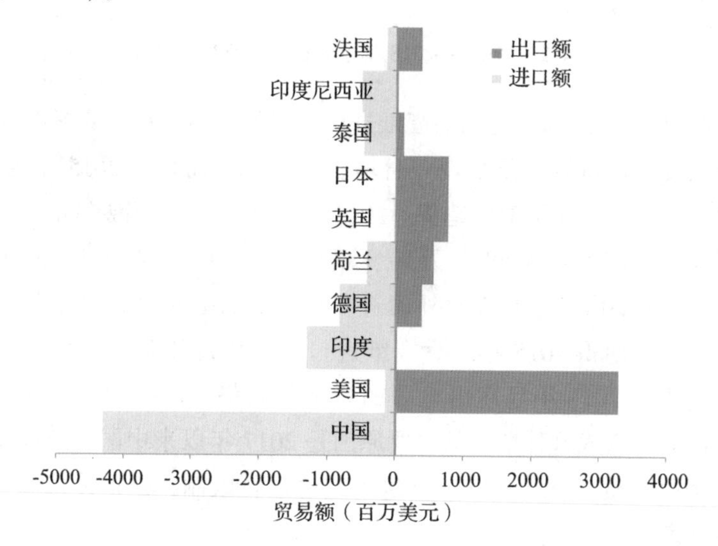

图 4. 18　废纸进出口贸易总额排名前十的国家

数据来源：FAO 和 UN Comtrade 数据库。

注：右侧正值代表出口量，左侧负值代表进口量。

4. 3. 2　中国废纸贸易情况

自 1997 年以来，中国已经成为世界纸制品生产和消费大国，但是由于森林资源的匮乏，造纸原料的短缺，国内废纸回收利用率低，造成供需严重失衡，因此，造纸行业的发展不得不依赖于进口废纸。随着废纸消费量和进口量的不断增加，中国成为了最大的废纸进口国，中国进口废纸已占世界可供出口总量的 1/3，具有较高的进口依存度。2018 年中国的废纸进口量已经远高于排名第二的印度和第三的德国。大量国外废纸的涌入对国内纸业的生产和再生资源的回收利用以及环境问题都产生了巨大的影响。

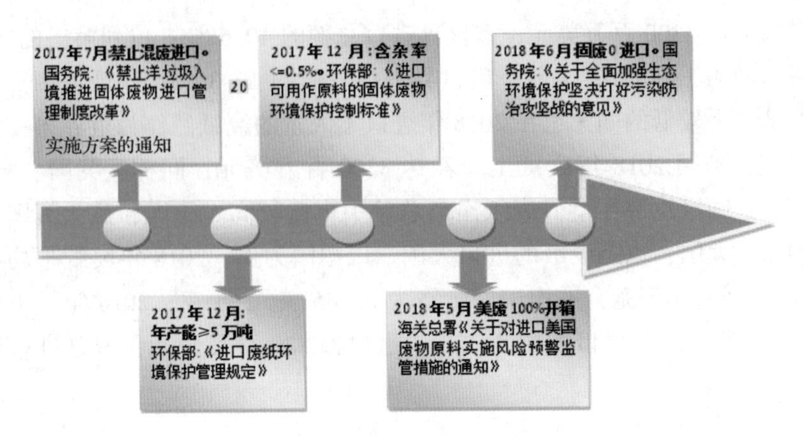

图 4.19 2017—2018 年中国进口废纸管控措施

中国在1992—2018年之间的废纸进口情况如下图所示。从图4.20中可以看出，中国废纸进口量不是呈现一直增长的趋势，而是以2015年为临界点，呈现先逐渐增长后迅速下滑的趋势。2015年是20年来中国废纸的进口量的最高点，废纸进口量高达5900万吨，增长率相比2014年进口量提高了110.71%。这主要由于近年来对外废进口管控的日趋严格以及长期固废零进口目标的确定，使得2015年之后废纸进口量比例逐年降低。特别是在2018年，进口量相比2017年呈现出显著的负增长趋势，进口增长率达到了最低值：-66.67%。造成这种情况的主要原因是2017年以来中国对于废纸进口从多方面如企业资质、外废标准、质量审查等进行限制，这也体现出外废进口严格管控逐渐成为趋势。

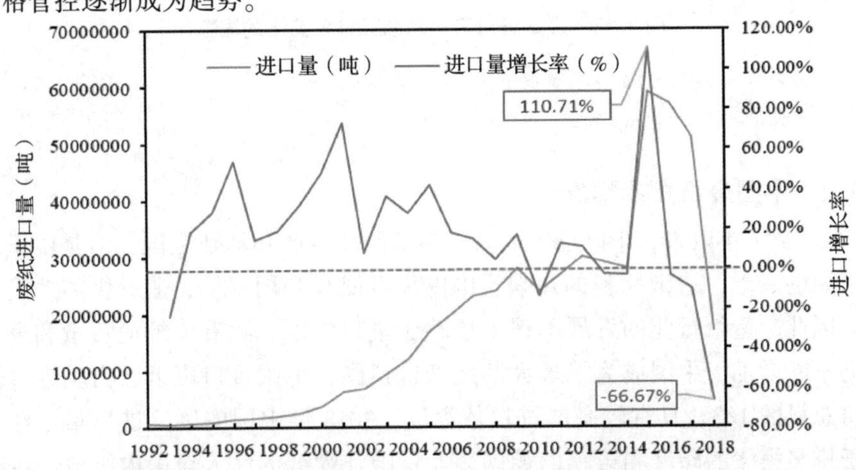

图 4.20 1992—2018 年中国废纸进口量和进口增长率

数据来源：UN Comtrade 数据库。

为什么政府要加强进口废纸的严格管控呢？虽然废纸的循环利用不仅减少了对生态环境的破坏，还可节约大量的水、电、煤等不可再生资源，但同时随着废纸进口规模的不断扩大，长期积累的矛盾和问题也在逐步显现。一方面，进口废纸隐藏着较大的环保风险。废纸大量进口易引发生活垃圾及有害生物进入国内，这将直接对中国的生态环境造成危害。另一方面，中国废纸回收行业发展严重滞后，废纸质量和数量难以满足纸业生产需要，然而不断扩大的纸制品产量，使中国造纸行业对国际市场依赖程度较高，为纸制品原料安全带来隐患。因此，政府需要加强监管措施，对企业资质、外废标准等方面进行管控。

中国废纸进口价格呈现螺旋式增长的态势，即整体呈现上升趋势，但有部分时间段是下降的(图 4.21)。下降的时间段主要有三个：①1997 年，亚洲金融危机的发生导致 21 世纪初进口价格呈现下滑趋势；②2009 年，由于经济减速和行业固定投资的限制，造纸行业出现了困境，废纸进口价格下降；③2012 年以来，进口价格持续下跌，其主要原因是受经济增速放缓及下游开工率长期不足影响。但 2016 年开始由于废纸库存持续走低，供不应求，价格又逐渐恢复。

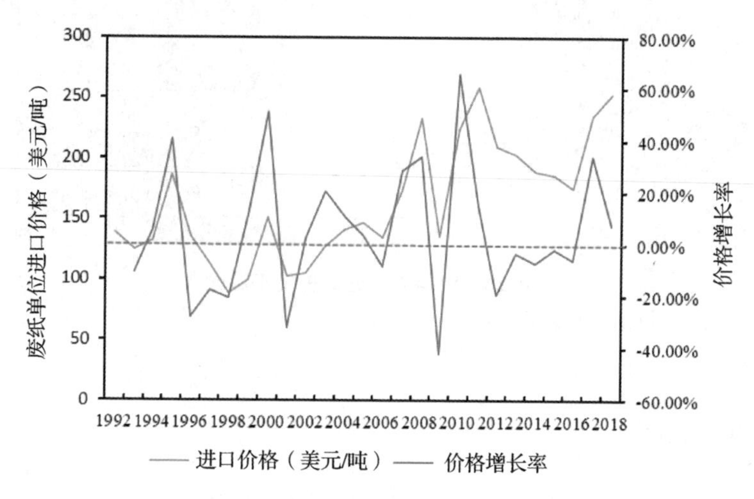

图 4.21 中国废纸单位进口价格和增长率

数据来源：UN Comtrade 数据库。

中国作为世界废纸进口的第一大国，进口来源国众多。从图 4.22 中可以看出，美国、日本、英国等发达国家长时间作为中国废纸进口的主要来源国，特别是美国从 1994 至今，一直处于中国第一废纸进口国的地位。其次就是日本，进入 21 世纪后一直作为中国废纸进口来源的前三国家之一，而中国香港地区在 21 世纪之前也提供了很多废纸供给。除此之外，20 年的时间里英国、荷兰等欧盟国家也是仅次于美国、日本这两大进口国的主要进口来源国。这表明中国进口废纸依然比较依赖于欧美日等发达国家。同时近几年从加拿大进口废纸增势突出，这说明中国进口废纸的区域正在向其他国家或地区扩散。

<table>
<tr><th>年份</th><th>TOP1</th><th>TOP2</th><th>TOP3</th><th>TOP4</th><th>TOP5</th></tr>
<tr><td>1992</td><td rowspan="2">中国香港</td><td rowspan="2">美国</td><td rowspan="2">中国澳门</td><td>智利</td><td>新西兰</td></tr>
<tr><td>1993</td><td>德国</td><td>俄罗斯联邦</td></tr>
<tr><td>1994</td><td rowspan="25">美国</td><td rowspan="8">中国香港</td><td>荷兰</td><td>中国澳门</td><td rowspan="2">日本</td></tr>
<tr><td>1995</td><td>中国澳门</td><td>荷兰</td></tr>
<tr><td>1996</td><td rowspan="3">荷兰</td><td>中国澳门</td><td>加拿大</td></tr>
<tr><td>1997</td><td rowspan="2">比利时</td><td>日本</td></tr>
<tr><td>1998</td><td rowspan="4">德国</td></tr>
<tr><td>1999</td><td rowspan="2">比利时</td><td rowspan="3">荷兰</td></tr>
<tr><td>2000</td></tr>
<tr><td>2001</td><td>日本</td></tr>
<tr><td>2002</td><td rowspan="12">日本</td><td rowspan="3">中国香港</td><td>德国</td><td>荷兰</td></tr>
<tr><td>2003</td><td rowspan="10">荷兰</td><td rowspan="2">英国</td></tr>
<tr><td>2004</td></tr>
<tr><td>2005</td><td rowspan="9">英国</td><td rowspan="4">中国香港</td></tr>
<tr><td>2006</td></tr>
<tr><td>2007</td></tr>
<tr><td>2008</td></tr>
<tr><td>2009</td><td>意大利</td></tr>
<tr><td>2010</td><td rowspan="2">中国香港</td></tr>
<tr><td>2011</td></tr>
<tr><td>2012</td><td>加拿大</td></tr>
<tr><td>2013</td><td rowspan="3">加拿大</td><td rowspan="3">荷兰</td></tr>
<tr><td>2014</td><td rowspan="4">英国</td><td rowspan="4">日本</td></tr>
<tr><td>2015</td></tr>
<tr><td>2016</td><td>荷兰</td><td>加拿大</td></tr>
<tr><td>2017</td><td>加拿大</td><td>荷兰</td></tr>
<tr><td>2018</td><td>日本</td><td>英国</td><td>荷兰</td><td>中国香港</td></tr>
</table>

图 4.22　中国废纸进口主要来源国

数据来源：UN Comtrade 数据库。

4.4 小　结

随着经济的增长，中国纸制品的消费量也随之快速增长，近 20 年纸制品人均消费量增加了一倍，达到了 75 千克/年。纸制品消费量和造纸产业的快速发展，导致对造纸纤维原料的需求也大幅增加。中国森林资源匮乏和森林保护政策导致木材供给能力严重不足，因此废纸成为造纸产业的主要纤维原料，利用废纸造纸可以减少对森林资源的破坏，以及填埋焚烧产生的环境污染，进而大幅减少 CO_2 的排放。然而，由于国内纸制品消费量仍然与发达国家存在较大差距，消费量平均约为发达国家的 30%~45%；同时中国废纸分类和回收能力相对不足。在这些因素的作用下，中国废纸进口量占世界的贸易总量的三分之一，成为世界最大的废纸进口国。2016 年后中国实施了一系列的废纸进口限制措施，引发了国内市场和国际市场的剧烈波动。中国的废纸回收利用和贸易限制政策不仅对产业的纤维原料结构产生影响，进而通过生产周期和加工过程影响到整个造纸产业的碳排放。

5

中国废纸回收率、损耗率和回收周期的测算

废纸回收率是衡量纸制品回收潜力，分析造纸产业碳排放和政策制定的重要依据，因此准确地衡量纸制品的回收率具有重要的现实和理论价值。本章介绍了如何利用时变参数 Kyock 模型估计纸制品的回收率、存储损耗率与回收周期，并计算了中国废纸回收情况及变化趋势。废纸回收率及其分布特征的准确估计为衡量废纸回收潜力和对造纸产业碳排放的影响提供了依据。

5.1 废纸回收率计算的方法

5.1.1 已有废纸回收率计算的方法与不足

循环经济的理念认为，经济社会在生产和消费过程中应通过广泛的回收和再利用实现资源和能源的最少消耗(Ellen MacArthur Foundation 2013; EEA 2014)。因此，回收率经常被认为是衡量造纸产业绿色发展的重要标准(Ewijk et al., 2018)，也是衡量资源在经济社会运行效率的重要依据(Haupt et al., 2017)。纸制品的回收率反映了造纸产业纤维原料的供给能力，发展中国家纸制品回收成为造纸产业纤维原料的重要供给来源(Beukering, 2001)，尤其是中国造纸产业对废纸生产的再生木浆依存度高达60%(Diao and Cheng, 2016)，所以纸制品回收率是判断造纸产业原料可获取的重要指标。同时，回收率还是造纸产业绿色发展的重要标准，不仅反映了纤维原料的循环利用程度，纸制品回收利用还影响了造纸产业的能源消耗和温室气体排放(Szabo et al., 2009)。由于造纸产业是高耗能产业，所以能源消耗问题成为产业应对气候变化的热点问题。Manda et al. (2012)和 Laurijssen et al. (2010)等研究比较了化学木浆、机械木浆和再生木浆(废纸浆)在木材消耗、能源消耗和温室气体排

放三个方面的影响，研究结果显示再生木浆具有最低的资源、能源消耗和碳排放。随着经济社会的发展，中国已经成为世界主要的纸制品生产和消费大国(FAO, 2018)，中国造纸产业也面临着能源使用和纸制品回收效率低、高能耗和污染问题(Hong and Li, 2012)。总之，纸制品的回收率是分析纤维原料供给能力和能源消耗碳排放的重要标准。然而，现阶段对回收率的定义并不统一，如 European Commission(EC, 2008, 2015)、Swiss Federal Office of the Environment(FOEN, 2013)、Verband kommunaler Unternehmen(VKU, 2014)等。因此，对纸制品回收率以及影响回收率的相关指标的测度对造纸产业实现绿色发展有着重要的理论和现实价值。

由于资源的使用效率和改善潜力可以通过物质转换分析的方法(matrrial flow analysis, MFA)计算在一个闭环的物质反馈系统中废弃物的回收和使用情况(Brunner and Rechberger, 2004)，所以已有研究经常通过分析废弃物的生命周期(Life cycle assessment, LCA)过程的方式计算回收和利用率(Melanie et al., 2017; Cucchiella et al., 2015; Geng et al., 2010 等)。废纸是废弃物质材料中回收和利用率较高的一种废弃材料，已有研究通常根据纸制品的物质转换过程定义废纸回收和利用率。Garce 等(1978)把纸制品的回收率定义为国内废纸回收量与纸制品产量的比值；Edgren 和 Morleand(1989)对废纸回收率进行了修正，在回收率的计算中刨去了不可回收的纸制品(如建筑用和棉质纸制品)，把回收率定义为纸制品回收量与纸制品消费中可回收部分的比值。Beukering(2001)认为很难对纸制品种不可回收的部分进行统计，所以把回收率定义为纸制品的回收量与消费量的比值，而把利用率定义为纸制品的回收量与产量的比例。Diao 和 Cheng(2016)在回收率定义中考虑了时间的因素，回收率被定义为当期的纸制品回收量与上一期纸制品消费量的比值。Ewijk 等(2018)的研究利用了更复杂的纸制品 LCA 模型更加精确地计算了可回收和不可回收的纸制品数量，并利用 Lifset 和 Eckelman(2013)回收率的定义，把回收率定义为纸制品回收中被用于生产的部分与纸制品消费中可以用做回收的部分的比例。从已有研究看，纸制品回收率一般被定义为纸制品的回收量与可回收的纸制品的比值，已有研究的努力方向主要是利用纸制品的 LCA 过程更加准确地估计可回收纸制品的数量。因此，为了更准确地计算回收率，已有研究对不可回收的纸制品数量(Edgren and Morleand, 1989; Lifset and Eckelman, 2013; Ewijk et al., 2018)和纸制品回收的周期长度(Pöyry, 2000; Pingoud, 2003; BEA, 2003; Uihlein , 2012)进行深入的讨论。由于 LCA 模型在计算过程中需要对纸制品从原木到消费过程中每一个转换环节进行计算，利用 LCA 模型计算回收率需要大量的参数数据，所以已有研究对废纸回收率的计算多采用 Garce 等(1978)和 Beukering(2001)等简单的方法。

已有研究利用不同纸制品回收率的计算方法分析纸制品的回收利用情况，并为政策的制定提供依据。Berglund 和 Söderholm(2003)采用了 Garce 等(1978)回收率和利用率的计算方法，比较了世界 49 个国家的废纸回收和使用情况，1996 年世界废纸的平均回收和利用率约为 40%，德国的回收率最高能达到 71%。Edgren 和 Morleand(1989)分析了从 1939—1985 年美国的废纸回收率，计算结果说明在二战后美国的废纸回收率和利用率在 20 世纪 70 年代出现了下降的趋势，约在 23%~24%之间。Ewijk 等(2018)的计算结果显示，全球 2050 年废纸回收率应从 38%提升到 67%~73%的水平，同时废纸的填埋比例应从 331~473 千克/吨降低到 0~0.26 千克/吨；同时研究认为提升废纸在纤维原料中的比例是促进废纸回收率提升的主要动因。类似研究还有 Schenk 等(2004)分析木浆需求与废纸回收率的关系及对环境的影响中，比较了废纸净回收率、调整的废纸回收率和废纸浆在纸浆中的比例。

纸制品的回收率是反映纸制品再利用的重要指标，已有研究对废纸回收率进行了大量的分析。Beukering(2001)把纸制品的回收率定义为本国回收的纸及纸板总量与纸及纸板消费量的比例(公式 5-1)，该回收率的计算方法因计算简便，而被已有研究和统计机构广泛采用。同时，废纸利用率也经常作为评价纸制品回收情况的重要标准，在各类研究中被广泛使用(Beukering, 2001; Schenk et al., 2004)。Edgren 和 Morleand(1989)的研究给出了一个更合理的废纸回收率的计算方法，即纸及纸板回收量与消费量剔除不可回收的部分的比例(见公式 5-3)。

Beukering 定义的废纸回收率：

$$r_t^b = \frac{BPR_t}{BPC_t} \tag{5-1}$$

Beukering 定义的废纸利用率：

$$r_t^u = \frac{BPR_t}{BPQ_t} \tag{5-2}$$

Edgren 和 Morleand 定义的废纸回收率：

$$r_t^e = \frac{BPR_t}{BPC_t - BPL_t} \tag{5-3}$$

BPC_t 为纸及纸板消费量($BPC_t = BPQ_t + BPI_t - BPX_t$)，$BPX_t$ 为纸及纸板

的出口量，BPI_t 为纸及纸板的进口量，BPR_t 为纸及纸板的回收量，BPL_t 为不能回收的纸及纸板数量，t 表示时间。

根据已有研究对废纸回收率的分析可以发现，废纸回收率主要受到以下两个因素的影响：①实际可回收的纸及纸板的数量。Beukering(2001)定义的废纸回收率(r_t^b)没有考虑纸及纸板在消费过程中的损耗和不可回收的纸制品，因此该回收率可能存在低估真实回收率的风险。在 r_t^e 的计算上，Edgren and Morleand(1989)考虑了不可回收的纸及纸板，并在计算中剔除了建筑用纸和生活用纸。由于缺少不可回收纸制品的统计数据，已有研究更多地采用 r_t^b 作为真实废纸回收率的替代。②纸制品的回收时限。因为纸及纸板容易变质，已有研究的纸制品回收率计算都暗含了如下假设，当期纸制品的消费量决定了回收量，滞后期的消费量对回收量没有影响。由于在废纸回收率的分析过程中对以上两个因素考虑不足，已有的废纸回收率不能反映真实的回收情况。

已有研究对纸制品的回收率进行了深入的分析，试图更加准确地计算回收率，为衡量纸制品回收潜力、分析造纸产业能源消耗和碳排放、政策制定提供更可靠的依据。然而，受到数据的制约，纸制品中不可回部分和回收周期的测算成为影响回收率计算精度的主要问题。本研究将在现有统计数据基础上，介绍如何利用时变参数 Kyock 模型计算考虑了纸制品的存储损耗率和回收周期因素的回收率，并分析了中国纸制品回收率、存储与损耗率以及回收周期的变化趋势及特征。

5.1.2　基于 Kyock 模型废纸回收率的计算方法

本部分主要说明了如何利用 kyock 模型估计废纸回收率，以及采用递归回归的方法实现 Kyock 模型参数的时变估计。

5.1.2.1　废纸回收率的 Kyock 模型

研究利用 Koyck 模型对纸及纸板回收率、存储损耗率和回收平均周期进行估计。模型假设：①纸制品的回收从当期开始，并且消费的滞后期限是有限的。斯坦伯格和刘易斯(2011)认为纸及纸板相对铅更容易变质，所以在模型中纸和纸板的消费量对回收量的影响期限是较短的。②假设 r 为一个时期的平均短期纸制品的回收率，且 r 在一定时期内是稳定的。③假设 θ 为纸制品中不能回收部分的比例，即纸制品中被存储和损耗的比例，则 $1-\theta$ 为可回收的纸制品占总消费量的比例。根据 Edgren and Morleand(1989)研究认为，纸制品消费中包含了不能回收的部分，所以在废纸回收率的计算过程中应把不能回收的纸制品从消费中剔除。在本模型中 θ 包含了：在纸制品消费过程中被存储下来的纸制品，已有研究认为该部分纸制品约占纸制品消费总量的9%～12%（FAO，2010；Cote et al.，2015）；还包括在消费过程中被损耗的或没有被回收的部分，如消费后进入下水道系统的纸制品，已有研究估算该部分的比例约为3%（Cote et al.，2015）；消费后被作为垃圾焚烧的部分，该部分的比例约为8%（OECD，2010）。因此，已有研究结果显示，发达国家的 θ 约在20%。④u_t 是模型的随机误差项，并符合经典线性回归模型的假设。

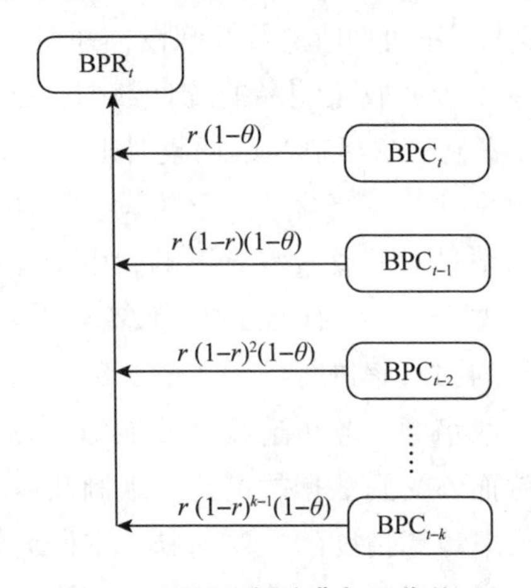

图5.1　纸及纸板消费与回收关系

图5.1反映了纸制品消费与回收的关系。回收对象是从 t 期到 $t-k$ 期的消费量，t 时的可回收的部分是当期的消费量剔除不能回收的部分：

$(1-\theta)\mathrm{BPC}_t$；$t-1$ 期的可回收部分等于 $t-1$ 期的消费量剔除不可回收的部分和在 $t-1$ 时已经回收的部分：$(1-r)(1-\theta)\mathrm{BPC}_t$。由此可以发现，由于受到回收率的影响，纸制品的消费量对回收量的影响呈现出几何递减的趋势，并且回收率越大递减速度越快。根据图5.1，研究假设纸及纸板回收量模型为公式(5-4)：

$$\mathrm{BPR}_t=\alpha+r(1-\theta)\mathrm{BPC}_t+\sum_{i=1}^{k} r(1-r)^i(1-\theta)\mathrm{BPC}_{t-i}+u_t \quad (5-4)$$

该模型与Koyck模型具有相同的形式，只要对模型做Koyck变换即可以使模型由分布滞后模型转换为自回归模型。

BPR_{t-1} 为：

$$\mathrm{BPR}_{t-1}=\alpha+r(1-\theta)\mathrm{BPC}_{t-1}+\sum_{i=2}^{k} r(1-r)^{i-1}(1-\theta)\mathrm{BPC}_{t-i}+u_{t-1} \quad (5-5)$$

公式(5-4)减去公式(5-5)乘以(1-r)得：

$$BPR_t = r\alpha + r(1-\theta) BPC_t + (1-r) BPR_{t-1} + u_t - (1-r) u_{t-1} \quad (5-6)$$

则公式(5-6)转化为：

$$BPR_t = \beta_0 + \beta_1 BPC_t + \beta_2 BPR_{t-1} + v_t \quad (5-7)$$

其中：$\beta_0 = r\alpha$；$\beta_1 = r(1-\theta)$；$\beta_2 = 1-r$；$v_t = u_t - (1-r) u_{t-1}$。

对公式(5-7)进行估计可以求出系数 β_1 和 β_2，根据废纸回收率和存储损耗率的特征，系数和 β_1 和 β_2 的范围均在区间(0，1)，且 $\beta_1 + \beta_2 < 1$。利用公式(5-7)的回归结果可以计算出平均废纸回收率 $r = 1 - \beta_2$ 和平均废纸存储损耗率 $\theta = \frac{1 - \beta_1 - \beta_2}{1 - \beta_2}$。

利用公式(5-7)的系数可以计算纸制品回收的平均周期：$T = \frac{1 - r}{r}$，T 反映了纸制品消费对回收影响的平均滞后长度。

5.1.2.2 Kyock 模型的计算方法

变换后的模型(5-7)极大量地简化了模型，模型中带估计的系数变为三个，避免了分布滞后模型可能产生的多重共线性问题。由于模型中存在 BPR_{t-1}，导致模型中存在随机变量，所以采用最小二乘法估计模型(5-7)存在内生性问题。Liviatan(1963)认为利用自变量的滞后一项作为因变量的工具变量可以得到一致估计，Gujarati 和 Porter(2008)认为较难找到因变量滞后一阶的工具变量，所以对 Kyock 模型估计应采用最大似然估计的方法。本研究采用 BPC_{t-1} 作为工具变量的最小二乘和最大似然估计的方法对模型进行估计。

同时，纸制品的回收受到纸制品消费量、国家经济发展水平和环保政策的影响，所以纸制品的回收率、存储损耗率和回收平均周期可能随时间而变化，导致模型(5-7)中的系数可能不稳定。因此，研究将采用 rolling regression 的方法实现对模型(5-7)参数时变估计，该方法的主要思想是利用整体样本中的子样本对模型进行估计。如果 rolling regression 估计的模型参数较为一致，那么说明模型中的参数在该时间段内为稳定的；反之，则为不稳定的(Zanin and Marra，2011)。因此，该方法能消除纸制品回收政策和经济环境发生变化对模型的影响。研究采用固定窗口的 rolling regression 方法，为了保障模型的稳定，把窗口的宽度设置为 20 年；卷积的步长为 1 年；从 1970 年开始逐步向 2017 年迭代，需要完成 28 次迭代。该方法能较为有效估计出模型(5-7)在 1990—2017 年的时变参数。

5.1.2.3 蒙特卡洛模拟的方法

由于纸制品的存储与损耗率及回收周期是正态分布的非线性组合，它们的分布不服从正态分布的假设，所以研究采用蒙特卡洛模拟的方法估计纸制品的存储与损耗率的分布状况。研究采用首先根据 Kyock 模型中参数的回归结果，分别按照其分布对 β_1 和 β_2 进行 10000 次的随机抽样；然后，把随机抽样的结果分别代入到公式 $\theta=\frac{1-\beta_1-\beta_2}{1-\beta_2}$ 和 $T=\frac{1-r}{r}$ 中，获得 10000 次的纸制品的存储与损耗率与周期；最后，研究得到纸制品在不同时期存储与损耗率与周期的分布。

5.2 纸制品回收率、回收周期和存储损耗率的估计结果

5.2.1 数据来源及处理方法

研究采用 1970—2017 年中国纸制品消费和回收数据(FAO，2018)，其中纸制品的消费数据包括纸制品产量、进口量和出口量，纸制品回收数据为废纸产量。纸制品的消费量利用公式(5-2)中的消费量的计算方法。图 4.2 中给出了中国纸制品消费与回收情况，已经利用公式(5-1)和(5-2)计算的纸制品回收和利用率。从图中可以发现中国纸制品消费和回收量都呈现出快速增长的趋势。其中，纸制品消费量从 1970 年的 2484500 吨增加到 2017 年的 109871494 吨，年均增长 8.6%；随着纸制品消费量的增加，废纸的回收量也有了快速的增长，1970 年废纸回收量为 642000 吨，到 2017 年增加到 52852000 吨，年均增长 10.6%(图 5.2①)。同时，废纸回收率也有了大幅提升，1970 年时废纸回收率为 25.8%，到 2017 年提升到 48.1%(图 5.2②)；并且废纸利用率也有了大幅的增加，2018 年中国的废纸利用率已经达到 47.5%(图 5.2③)。因此，废纸回收量、回收率和利用率的计算结果看，中国废纸回收能力有了显著的提升。

为了对模型(5-7)进行估计，研究对纸制品消费量和回收量(BPR 和 BPC)的水平和一阶差分值进行只有截距、既有截距和斜率以及没有截距和斜率三种情况的 ADF 单位根检验。单位根检验结果(表 5.1)说明，BPR 和 BPC 在水平值情况下是存在单位根的，但一阶差分后单位根在有截距和斜率的情况下拒绝了存在单位根的原假设，所以可以得出 BPR 和 BPC 是一阶单整的。在此基础上，对 BPR 和 BPC 进行 Engle-Granger 协整检验，检验结果(tau-

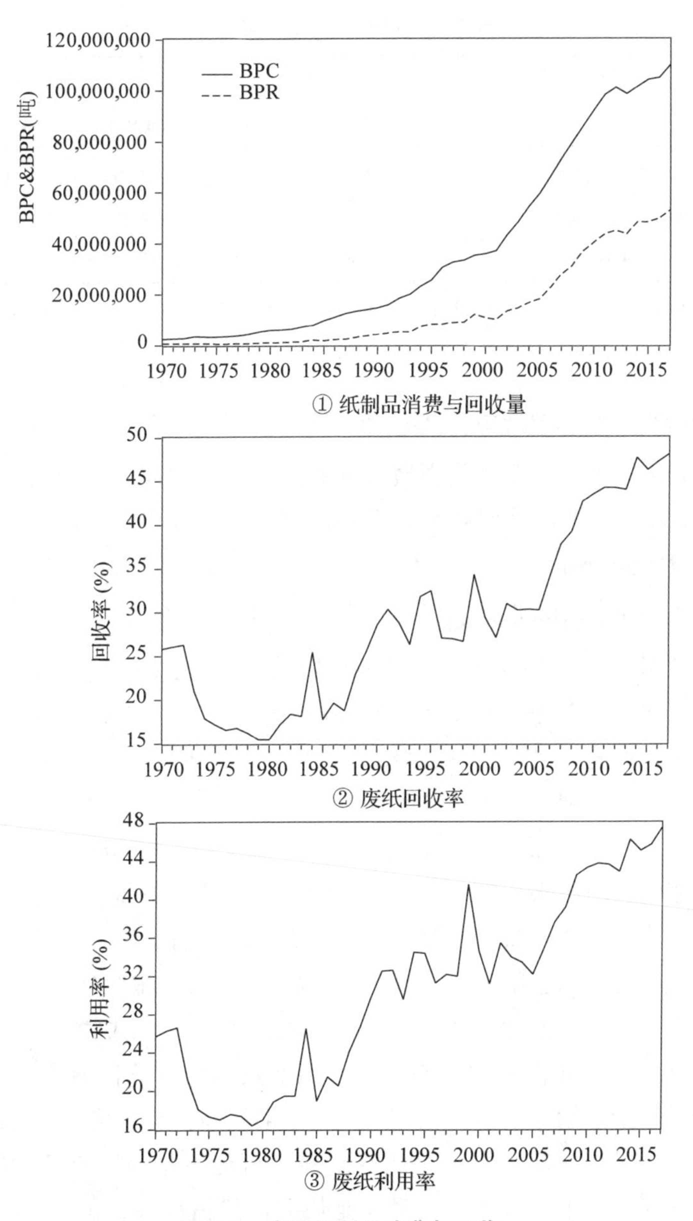

图 5.2　中国纸制品消费与回收

statistic = -6.8327，MacKinnon p-values = 0)拒绝了原假设，说明了两个变量之间存在协整关系，因此可以直接使用 BPR 和 BPC 水平值对模型(5-7)进行估计。

表 5.1 ADF 单位根检验结果

	水平值		一阶差分值	
	BPR	BPC	d(BPR)	d(BPC)
只包含截距项	3.4192	1.3851	-1.4538	-2.7488*
包含截距和斜率	1.4197	-1.3953	-4.4639***	-3.6397***
不包含截距和斜率	3.8362	2.1501	-0.6521	-1.6527

注：*10%水平下显著；**5%水平下显著；***1%及以下水平显著，滞后项根据施瓦茨信息量确定。

5.2.2 模型及废纸回收率计算结果

本部分使用中国的纸制品消费和回收数据估计模型(5-7)，并利用模型(5-7)的结果计算纸制品回收率、纸制品存储损耗率以及平均回收周期，讨论这些变量的分布特征。

5.2.2.1 kyock 模型回归结果

研究利用 Eviews 10 分别估计了四种情况下的模型(5-7)，Model 1 为采用工具变量方法利用全部样本计算的 Kyock 模型的结果，Model 2 为采用卷积工具变量方法计算的 28 次迭代模型结果系数和标准差的均值，Model 3 为采用最大似然估计方法利用全部样本计算的结果，Model 4 为采用卷积最大似然方法计算结果系数和标准差的均值。其中，Model 1 和 2 的标准差为 HAC 稳健标准差。模型的回归结果(表 5.2)说明，四种方法均较好地拟合了模型，且模型中的系数均与预期一致，模型中计算的 β_1 和 β_2 均在(0，1)区间内，且都是显著的；且 β_1 和 β_2 之和均明显小于 1。同时，工具变量法估计的两组系数中 β_1 均大于似然估计的结果；而 β_2 结果却与之相反。该结果说明，工具变量计算的纸制品回收率和存储损耗率较大，而似然估计计算回收率的结果较小；工具变量计算的纸制品平均回收周期计算结果较小，而似然估计的结果较大。这意味着，工具变量法中自变量的一阶滞后可能不是一个有效的工具变量。回归结果还说明，不管是工具变量还是最大似然估计，卷积回归的结果的均值要明显大于非卷积的情况。该结果说明，模型中的系数在不同时间有着较大的差异，非卷积方法计算的整个样本期间的系数可能是不稳定的，所以卷积方法计算的结果可靠性更好。总之，四个模型的回归结果均符合计算纸制品回收率、存储损耗率和平均回收周期的要求，所以对模型的评价需根据这个三个指标的计算结果作为标准。

表 5.2 Kyock 模型回归结果

回归方法	工具变量法		最大似然估计	
变量	Model 1	Model 2	Model 3	Model 4
β_0	-1145211**	-2659150.1***	-704326.7	-1978411**
	(283057.7)	(790644.6)	(672879.2)	(954503.0)
β_1	0.19404***	0.24278***	0.13346***	0.18093***
	(0.04563)	(0.04714)	(0.03002)	(0.04187)
β_2	0.61639***	0.54112***	0.75619***	0.67619***
	(0.10106)	(0.09815)	(0.05720)	(0.07880)

注：括号中为标准差；Model 1 和 Model 2 采用了 HAC standard errors and covariance (Bartlett kernel, Newey-West fixed bandwidth = 4)；Model 2 和 Model 4 的结果是 28 次 Roll regression 结果系数和标准差的平均值。

5.2.2.2 纸制品回收率、存储损耗率和平均回收周期计算结果

研究利用公式 $r = 1 - \beta_2$ 计算四个模型的废纸回收率以及置信区间。由于模型假设随机误差项服从正态分布，所以 β_2 和 r 也服从正态分布，并可以计算出纸制品回收率的置信区间。图 5.3 给出了四个模型回归结果计算的废纸回收率，以及利用卷积方法计算的 1990—2017 年年度废纸回收率。计算结果说明，在考虑了纸制品的存储损耗因素后的回收率比利用公式(5-1)计算的回收率要平稳，且利用 Model 1~4 回归结果计算的回收率只是全部样本区间内的均值，不能很好地反映回收率的变化趋势。利用卷积回归分别计算的工具变量和最大似然估计的回收率在 1990 年分别为 38.4%和 24.38%，而公式(5-1)计算的结果为 28.53%；三种方法分别计算的 2017 年回收率分别为 58.05%、49.44%和 48.10%。该结果说明，利用工具变量计算的回收率与其他两种方法差距较大，有高估回收能力的可能性。

研究利用公式 $T = \frac{1 - r}{r}$ 和 $\theta = \frac{1 - \beta_1 - \beta_2}{1 - \beta_2}$ 分别计算纸制品的回收周期和存储损耗率(结果见图 5.4 和 5.5)。由于 T 和 θ 是回归系数的非线性组合，导致较难确定两个变量的分布，研究只给出 T 和 θ 的均值。

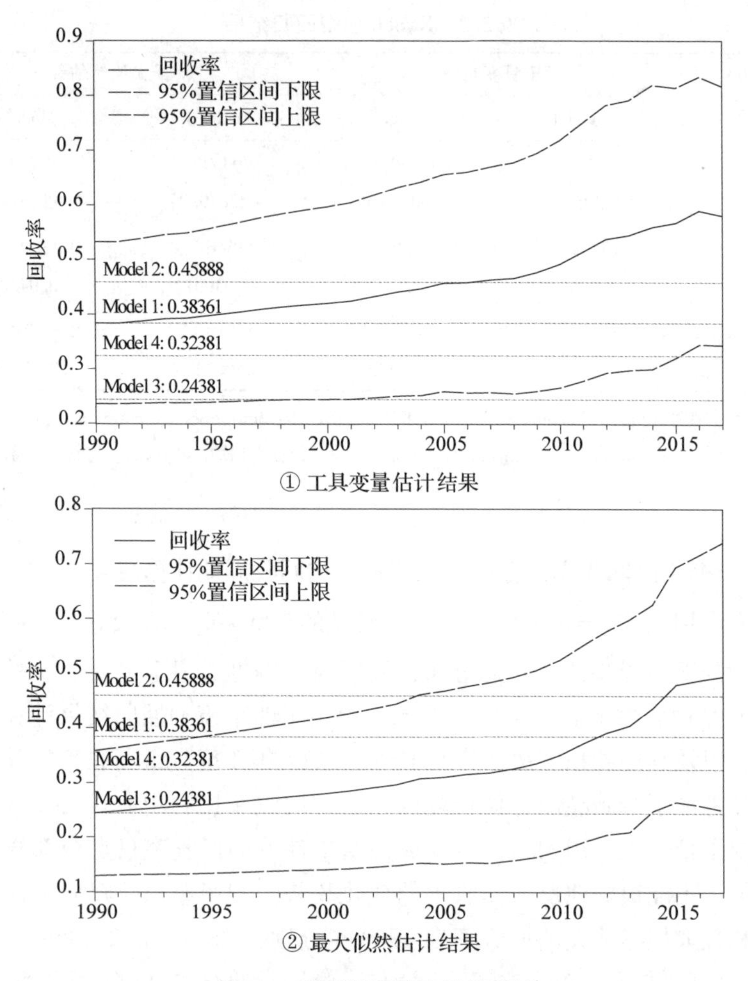

图 5.3 纸制品回收率计算结果

图 5.4 描述了纸制品回收的平均周期，四个模型的计算结果差异较大，最大的是 Model 3 平均达到了三年多，最小的是 Model 2 平均只有一年多。从卷积回归的结果看，工具变量法和最大似然估计计算的回收平均周期均呈现出下降的趋势，工具变量法计算的结果从 1.61 年下降到 0.72 年；最大似然估计计算的结果从 3.10 年下降到 1.02 年。Pöyry（2000）、Pingoud（2003）、BEA（2003）和 Uihlein（2012）的研究分析了不同纸制品从消费到被处理的时间跨度，研究结果显示卫生纸、纤维纸和部分包装纸的平均周期为 0.5~1.5，印刷书写纸、部分纸板和办公用纸等的平均周期均在 2 年左右。本模型计算的纸制品平均周期包含了所有纸制品，所以利用卷积计算的最大似然估计结

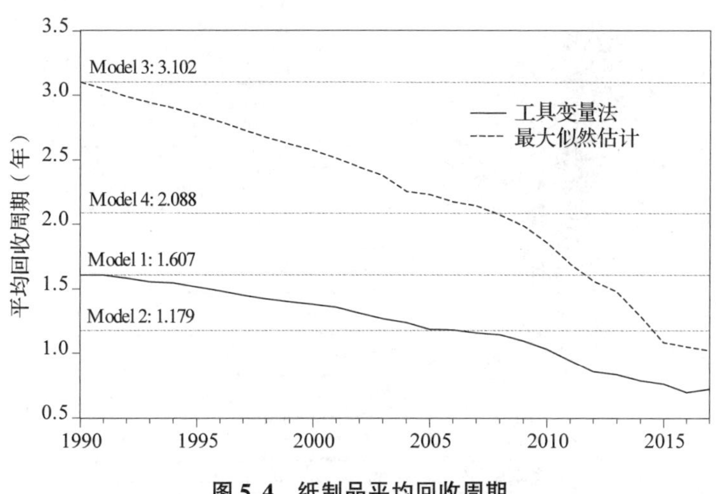

图 5.4 纸制品平均回收周期

果更为接近真实情况。

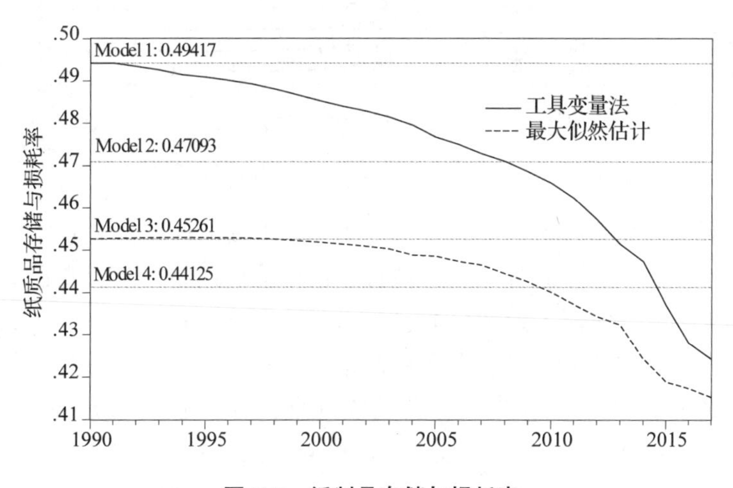

图 5.5 纸制品存储与损耗率

图 5.5 计算了纸制品存储损耗率，计算结果显示纸制品的存储与损耗率变化较小。利用卷积方法分别计算的工具变量和最大似然结果显示 1990 年纸制品的存储损耗率分别为 49.42% 和 45.26%，到 2017 年下降到 42.4% 和 41.53%。

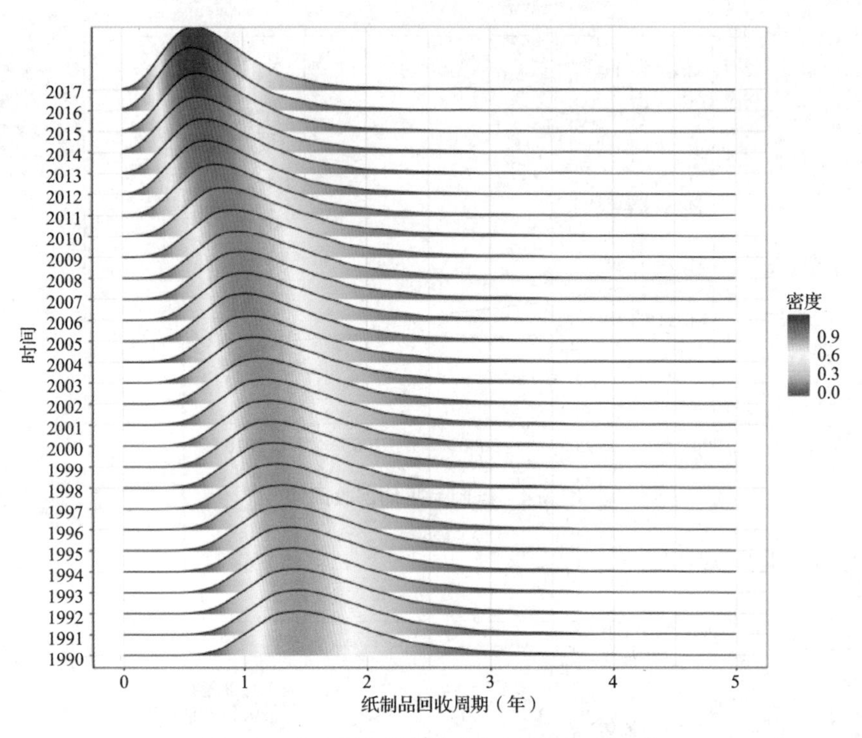

图 5.6　基于最大似然估计的纸制品回收周期

研究利用回归系数的β_1和β_2的分布通过T和θ的计算公式进行100000次随机模拟，并对T和θ的分布进行拟合。根据分析的结果看，卷积最大似然法计算结果更符合实际，因此研究只给出了该方法的计算结果。图5.6描述了利用最大似然估计模拟结果的核密度图(kernel)，纸制品回收周期的分布呈现出严重的右偏现象。已有纸制品回收周期的研究认为服从Weibull分布(Walk，2009；Elshkaki et al.，2005；Zhang et al.，2011)、Gamma分布(Marland et al.，2009)或正态分布(Müller et al.，2009)。从随机模拟结果看，中国纸制品的回收周期不服从正态分布，可能服从Weinull或Gamma分布。研究还对不同年份的平均回收周期进行了均值和方差的差异性检验，不同年度回收周期均值检验结果为：Anova F-test (27, 2799949) = 601($P=0$)；方差的检验结果为：Bartlett检验值为10069274($P=0$)。检验结果说明不同年度间纸制品的回收周期不是同分布的，而是均值和方差都存在显著的差异。图5.7给出了利用最大似然估计模拟的纸制品存储损耗率分布。从图中可以发现，纸制品存储损耗率分布有左偏的现象。对不同年份的存储与损耗率的均值和方差进行检验，检验结果显示[Anova F-test (27, 2647564) = 358，$P=0$；Bartlett 检验值为 2235，$P=0$] 存储与损耗率均值和方差在每个年份均存在显著差异。

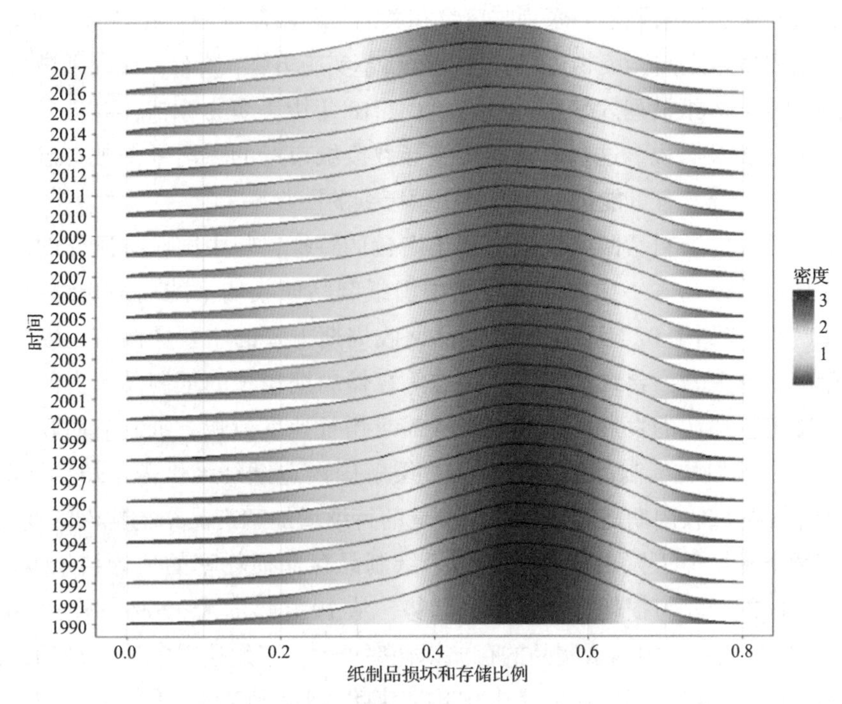

图 5.7 基于最大似然估计的纸制品损坏和存储比例

研究试图利用 kyock 模型对纸制品的回收率、存储损耗率和回收周期进行间接地估计。研究结果显示，kyock 模型符合纸制品回收的特征，所以可以间接地计算存储与损耗率和回收周期。同时，为了实现准确估计参数，研究尝试了工具变量法和最大似然估计法以及卷积回归的方法对模型进行了估计和评价。研究结果说明，由于自变量的滞后项可能未必是有效的工具变量，所以工具变量的估计方法对参数的估计未必一致，而最大似然估计的效果更好。为了防止纸制品的回收受到宏观环境的影响而发生结构性变化，研究采用了卷积的方法对模型进行时变参数估计。研究结果说明基于卷积的最大似然估计能较好地实现对 Kyock 模型系数的动态估计，并且估计结果所计算的纸制品的回收率、存储损耗率和回收周期更符合实际情况。因此，Kyock 模型的卷积最大似然估计能较为有效地对纸制品的回收利用情况进行计算。

研究利用中国纸制品和废纸回收的数据计算了回收率、存储损耗率和回收周期。研究计算了除去纸制品存储损耗部分的回收率，即回收的纸制品占可回收的纸制品的比例。纸制品回收率计算结果说明，中国纸制品的回收率呈现出上升的趋势，2017 年回收率达到 49.44%，与发达国家仍存在着较大的差距。近年来中国采取了一系列与废纸相关的贸易限制措施：2017 年 7 月《禁止洋垃圾入境推进固体废物进口管理制度改革实施方案》颁布，占废纸进口总量 20%的混合废纸被列入禁止进口名单；2018 年中美贸易摩擦，对进口的美国废纸加征 25%关税。这些政策的实施导致废纸市场的供需平衡被打破，国内废纸价格上升，有可能进一步提升中国废纸的回收率。

研究计算的纸制品回收周期呈现出右偏的特征，与中国已有研究的纸制品生命周期特征基本一致。研究得出中国纸制品回收的平均周期持续缩短，从 3.10 年下降到 1.02 年。中国纸制品回收周期下降的主要原因有：纸制品需求量的快速上升，导致如书籍、杂志等存储周期较长的纸制品所占的比例下降；随着快递业的发展，包装用纸板需求增长速度较快，纸制品回收周期的下降有利于加快纸制品的回收利用，缓解国内造纸纤维供需矛盾。同时，中国纸制品的回收周期随着纸制品消费量的持续增加和产品结构比例的变化，还将继续下降，但下降的幅度将趋缓。纸制品存储损耗率的估计结果说明，中国纸制品的存储与损耗呈现出下降趋势，从 1970 年的 45.26%下降到 2017 年的 41.53%；然而中国纸制品的存储损耗率仍远高于发达国家约 20%的比例（Cote et al.，2015）。这主要由于中国人均纸制品消费量只有 74 千克/人（FAO，2018），远低于发达国家的平均水平，所以像卫生纸等不能回收的纸制品在消费总量中占有较高的比例；同时，中国在纸制品的分类处理和回收等方面与发达国家还存在着较大差距，所以中国纸制品的损耗率要高于发达国家。通过对比不同年度的回收周期和存储损耗率可以发现，这两个变量在中国随着时间变化存在着显著的差异，所以基于 LCA 的纸制品回收和能源消耗分析中采用固定数值的回收周期和存储损耗率容易导致较大的误差，本研究的结果有助于提升该类研究的精确度。

5.3 小 结

纸制品回收率是衡量纸制品循环利用的重要标准，也是政府制定回收政策的重要依据。本研究介绍了如何利用 Kyock 模型间接地计算纸制品回收周期和存储损耗率，并利用中国的数据对 Kyock 模型进行了验证，测算了中国纸制品回收利用的情况。研究结果说明，利用卷积最大似然估计的方法求解时变系数的 Kyock 模型可以较为准确地计算时变的纸制品回收率、存储损耗率和回收周期。中国纸制品回收率测算结果说明，现阶段中国回收了除去存储和损耗的纸制品后约一半的消费量，与发达国家还存在着较大的差距。同时，随着消费量的增加和纸制品结构的变化中国纸制品回收的周期在缩短，加快了纸制品的回收速度，提升了废纸的供给能力；纸制品存储损耗率在1990—2017 年间下降了约 4%，这主要由中国纸制品消费量的增加和回收处理能力的提升导致的。同时，本研究的结果验证了中国的纸制品存储损耗率和回收周期随着时间发生了显著的变化，所以本研究的结果可以应用于造纸产业能源消耗分析、废纸回收潜力计算、以及纸制品回收政策制定等方面，有助于提升计算的精确度和政策的可靠性。

6 中国造纸产业碳排放与废纸回收利用的变化趋势分析

本章将介绍如何利用 GFPM 和 LCA 组合模型预测中国造纸产业废纸回收利用和碳排放变化趋势。研究首先介绍了 GFPM 模型如何与 LCA 模型衔接并构成新的组合模型，以及 GFPM 模型的基本结构和关键模块，并对模型的历史模拟能力进行了评价；然后，利用图形法和蒙特卡洛模拟等多种方法预测了 COVID-19 背景下 GDP 增长率的变化趋势，为预测和政策仿真提供了宏观模拟情景；最后，研究预测中国造纸产业纸制品消费、生产、废纸回收利用和碳排放的变化趋势。

6.1 GFPM 和 LCA 组合模型的构建与评价

废纸回收利用对造纸产业碳排放的影响是一个复杂系统，中国的回收政策不仅沿着产业链向本国造纸产业和市场传导，还通过国际贸易的方式影响其他国家，并再次通过国际贸易的方式传导给中国。因此，为了实现本研究的目的，在模型选取应满足以下条件：①模型能反映造纸产业从森林资源→木材→造纸纤维原料→纸制品→碳排放整个过程；②模型能反映贸易对造纸产业的影响，包括纤维原料和纸制品市场的变化；③模型具有一定政策分析和预测能力，通过改变外生变量实现对模型的控制。GFPM 模型除碳排放的功能无法实现，其他功能均可以较好地实现上述三个功能。为了碳排放计算的功能，研究还需要利用 LCA 的物质转换分析功能实现对造纸产业碳排放和回收率的计算。

本研究采用 GFPM 模型和 LCA 模型组合的方式分析废纸回收利用对造纸产业碳排放的影响。首先研究利用 GFPM 模型计算不同情景下中国纸制品、造纸纤维原料和木材的供需与贸易量，并通过 Excel 电子表格与 LCA 模型连接，实现纸制品物质转换过程的蒙特卡洛模拟，更准确地衡量中国造纸产业的废纸回收利用情况和碳排放量。

6.1.1　模型的边界和结构

6.1.1.1　模型的边界

本部分将从 GFPM 模型与本研究相关的产品类型、市场、包含的区域和模拟时间范围三个方面介绍模型的边界。由于废纸回收涉及到森林资源、中间产品(原木和木浆)、最终消费部门(纸及纸板)和废纸的回收多个环节，GFPM 模型包含森林资源、中间产品、最终产品消费和生态环境模块(图 6.1)。同时，该模型包括国内和国际市场。模型包括世界 180 个国家和地区。模型的模拟范围分为两个阶段：1992—2017 年为历史模拟阶段，2018—2030 年为样本外预测阶段。第一个阶段主要对历史数据进行模拟，并对模型的预测能力进行判断和参数校准；第二个阶段利用模拟的方法预测废纸回收对中国造纸产业的影响，造纸产业原料变化对森林资源、能源消耗和碳排放的影响，并重点分析尤其是废纸回收政策和废纸贸易政策的影响。

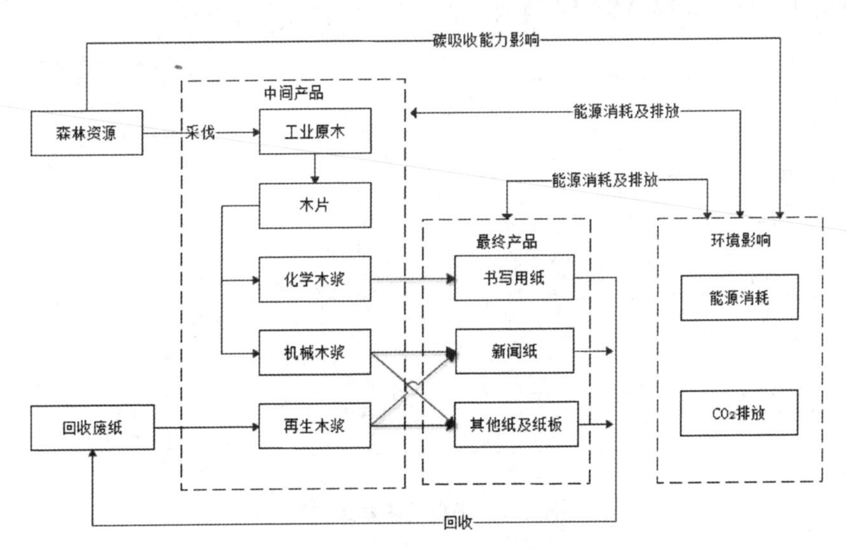

图 6.1　GFPM 与 LCA 组合模型中的物质能源转换关系

6.1.1.2　模型的结构

本部分将首先介绍 GFPM 与 LCA 组合模型的结构，然后分别对模型中的每一个模块进行分析和解释。模型根据木质林产品的生命周期结构形成模型的基本结构。模型假设最终产品的需求量由外部环境与价格共同决定，产品的供给量根据需求、价格和产能作出决策，价格由需求和供给共同决定。最终产品的需求引发了中间产品和初级产品的需求和供给，并最终从森林资源、回收和进口三个途径获取资源。每一个国家或地区根据国内和国际市场的需求变化来调整生产规模和供给，并决定进出口状况。图 6.2 描述了本研究模型的基本结构，图中左边的部分为典型的国家或区域的反馈结构，右边为模型的外部环境(可以跟 LCA 连接进行模拟；模型包含 180 个国家或地区均具有相同市场结构。

模型的基本假设：①模型运行的起始动力为每个国家或区域对产品的需求，然后需求影响生产过程和贸易过程；②模型中的需求由最终产品引发，当最终产品需求形成后，然后产生对中间产品和原料的需求；③模型中先有国内需求和供给，当国内需求形成后，根据国内的资源、成本和产能等因素形成国内供给，当供给大于国内需求时成为净出口国，反之成为净进口国；④每个国家或地区根据资源、产业的特征，要么是产品的净进口国，要么为净出口国；⑤纸制品的能源消耗在其生产过程中由于纤维原料的选择不同而存在差异，进而导致碳排放的差异。

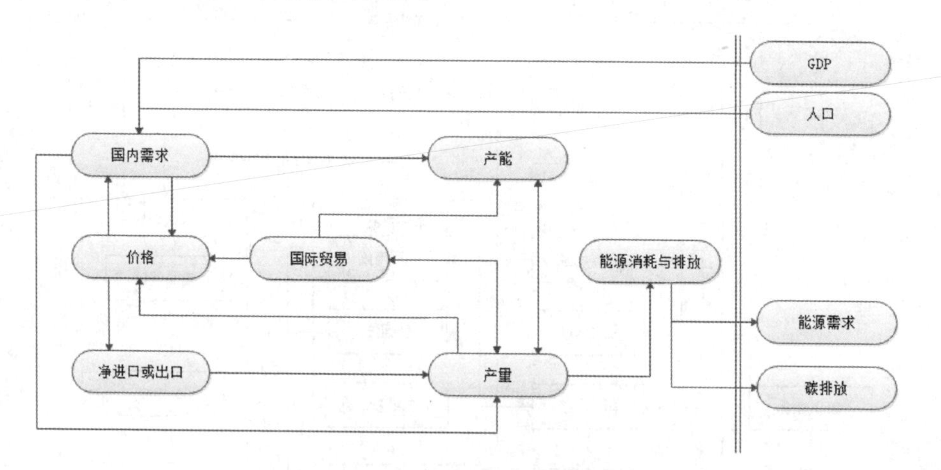

图 6.2　模型的基本结构

6.1.2　GFPM 和 LCA 组合模型介绍

6.1.2.1　GFPM 模型的基本结构

Buongiorno 等(2003)认为世界林产品贸易模型(Global Forest Products Model / GFPM)是当今世界四个主流林业部门模型中重要的研究工具。GFPM 作为林产品市场与贸易的主流研究工具被广泛应用于林产品贸易(Turner et al.,2005；Zhang et al，2014)、林业政策(Prestemon et al.，2008)、生物质能源(Ince et al，2012)和林业碳汇(Nepal et al，2013)等领域。该模型的研究假设包括：①外部宏观经济的变化决定GFPM模型的需求和森林资源等变化，林业部门不会对宏观经济产生影响；②林业部门的供需方通过社会福利最大化的方式实现市场均衡，并确定供需量和市场价格(影子价格)；③GFPM模型的动态变化由上一期市场的状态和当期的外生变量的状态共同决定；④GFPM模型严格按照投入产出关系构建了林产品的物质转换关系，并要求物质守恒；⑤GFPM假设各国贸易具有惯性，在短期内不会发生大幅度的改变。

GFPM模型最核心的部分就是市场均衡的实现，公式6-1是社会福利最大化函数，福利函数等于所有最终产品的价值减去产生的原料成本和运输成本。通过求解公式6-1即可以获得在社会福利最大化的情况下的市场均衡信息。其中，Z为社会福利，i和j为不同的国家或地区，P为林产品的价格，D为需求量，Y为产量，m为生产成本，c为关税，T为林产品的运输量。

$$Max \quad Z=\sum_{i}\sum_{k}\int_{0}^{D_{ik}}P_{ik}(D_{ik})\,dD_{ik}-\sum_{i}\sum_{k}\int_{0}^{S_{ik}}P_{ik}(S_{ik})\,dS_{ik}$$
$$-\sum_{i}\sum_{k}\int_{0}^{Y_{ik}}m_{ik}(Y_{ik})\,dY_{ik}-\sum_{i}\sum_{j}\sum_{k}c_{ijk}T_{ijk} \tag{6-1}$$

GFPM模型不仅要遵守市场均衡的原则，还需要遵守物质守恒的原则。公式6-2是模型的物质平衡方程，即一个国家林产品产品的进口总量和原料供给总量的和等于最终需求、用于生产其他林产品的中间产品需求和出口量的和。a_{ikn}为i国制造每单位的产品n需要耗费的k产品的数量。

最终产品的需求物质平衡：

$$\sum_{j}T_{jik}+S_{ik}+Y_{ik}-D_{ik}-\sum_{n}a_{ikn}Y_{in}-\sum_{j}T_{ijk}=0 \quad \forall i,\ k \tag{6-2}$$

公式6-3为最终产品的需求函数，最终产品当期的需求等于上一期需求量(D_{ik}^{*})和价格变化的乘积(δ为产品的价格弹性)。

需求函数：

$$D_{ik}=D_{ik}^{*}\left(\frac{P_{ik}}{P_{ik,-1}}\right)^{\delta_{ik}} \tag{6-3}$$

公式6-4为初级产品的供给函数，初级产品的供给量等于上一期供给量(S_{ik}^{*})乘以价格变化的乘积(λ为供给的价格弹性)。

初级产品的供给函数：

$$S_{ik}=S_{ik}^{*}\left(\frac{P_{ik}}{p_{ik,-1}}\right)^{\lambda_{ik}} \tag{6-4}$$

公式6-5为森林资源消耗函数，主要包括工业原木(S_{ir})、其他工业原木(S_{nr})和木质燃料(S_{if})，θ为从森林获取木质燃料的比例，μ为出材率。

森林资源总消耗量：

$$S_{i}=(S_{ir}+S_{in}+\theta_{i}S_{if})\mu_{I} \tag{6-5}$$

公式6-6为回收材料的约束，例如废纸的回收量不能高于纸制品的最大可回收量。在本研究中ρ的范围是由第四章中Kyock模型计算获得，并采用了Kyock模型计算结果95%置信区间的上限。

木质产品的回收约束：

$$S_{iw}\leqslant\sum_{k}\rho_{iwk}D_{ik}\quad\forall i,\ w \tag{6-6}$$

公式6-7是对贸易惯性的约束，贸易惯性不能大于贸易的上限和下限。本研究贸易惯性的设置采用的是1992—2018年各种林产品贸易变化的最大值和最小值。

贸易惯性：

$$T_{ijk}^{L}\leqslant T_{ijk}\leqslant T_{ijk}^{U} \tag{6-7}$$

公式6-8为生产成本函数，生产成本等于上一期生产成本(m_{ik}^{*})乘以产量变化(s_{ik}为产出变化的成本弹性系数)。

生产成本：

$$m=m_{ik}^{*}\left(\frac{Y_{ik}}{Y_{ik,-1}}\right)^{s_{ik}} \tag{6-8}$$

公式6-9为运输成本函数，运输成本等于上一期运输成本(c_{ijk}^{*})与运输量的变化($\mathrm{T}_{\mathrm{ijk}}$为运输量变化的成本弹性系数)。

运输成本：

$$c_{ijk}=c_{ijk}^{*}\left(\frac{T_{ijk}}{T_{ijk,-1}}\right)^{\tau_{ijk}} \tag{6-9}$$

运输成本包括单位运输成本(f_{ijk})，出口的从价税$t_{ik}^{X}(P_{ik,-1})$和进口的从价税$t_{jk}^{I}(f_{ijk}+P_{ik,-1})$。

$$c_{ijk}^{*}=f_{ijk}+t_{ik}^{X}(P_{ik,-1})+t_{jk}^{I}(f_{ijk}+P_{ik,-1}) \tag{6-10}$$

GFPM模型是通过上一期历史数据和外生变量的变化共同形成当期市场

均衡的。模型的动态行为表现为当期的市场变化是在上一期市场变化的基础上，根据外生变量和相关调整系数确定当期均衡状态。因此，模型可以实现动态的迭代计算以实现对未来市场变化趋势的预测。

GFPM 在本研究的适用性：①GFPM 包含了 14 种木质林产品，本研究只需要分析造纸产业价值链中从森林资源到纸制品的生产消费过程，所以 GFPM 模型符合本研究关于产品种类的要求。②造纸产业的碳排放是由于纸制品消费产生的，而纸制品的消费和生产过程包含着复杂的市场行为，GFPM 模型不仅包含了国内国际市场均衡、产业链上下游市场的均衡，还实现了物质的守恒，所以满足对于碳排放计算的要求。③GFPM 可以同时设置不同情景实现对政策和宏观经济环境变化的分析，所以能满足研究政策分析的要求。

6.1.2.2 LCA 模型的结构及参数计算方法

根据 GFPM 和 LCA 组合模型的结构框架，LCA 模型是对 GFPM 模型在造纸产业碳排放和回收率的计算功能上的补充。LCA 模型利用 GFPM 模型的结果计算造纸产业从森林资源→木材→纤维原料→纸制品→消费与回收处理各个环节中物质转换关系、能源消耗和碳排放，最终可以获得考虑了不可回收纸制品的废纸回收率[①]和碳排放量。

本研究 LCA 的构建是根据第三章完善的纸制品生命周期过程(图 3.2)进行编码的，该 LCA 模型在已有研究基础上进行了以下改进：①已有 LCA 模型的投入产出系数为静态的，本研究的投出产出系数会根据 GFPM 的计算结果和已有系数的约束范围进行动态调整，能更准地反映物质和能源的转换过程。②模型考虑了一些系数的分布特征，利用有限的数据实现了蒙特卡洛模拟的功能。由于 LCA 中部分系数的设置是根据已有研究设定，本研究搜集了这些系数的信息，获取了系数的范围和平均值，并利用三角函数作为系数抽样的方法进行蒙特卡洛模拟。③研究考虑废纸回收的延迟问题。第四章 Kyock 模型计算出了废纸回收周期的分布特征，结果说明废纸回收行为具有延迟性，部分纸制品的回收具有滞后性。因此，研究利用第四章的计算结果作为参数，在 LCA 模型中加入回收延迟。

研究利用 Eviews 10 编写了 LCA 仿真程序(附录 1)，该程序可以模拟模型中关键参数的变化对纸制品回收利用和碳排放的影响，还能分步计算纸制品的物质转换过程。研究进行 1000 次蒙特卡洛模拟以获得废纸回收率、利用率

---

① 利用 LCA 模型计算的回收率主要作为政策分析和预测回收率的计算方法，第四章 Kyock 模型计算回收率的方法主要针对历史数据，而无法应用到政策分析和预测中。

和碳排放的分步特征，提升了分析的科学性。

投入产出分析是碳排放分析的基础，根据投入原料的不同计算能源消耗和碳排放量。研究采用投入产出矩阵的方式计算不同纸制品生产所需的原料的数量。$Q_{j,t}$ 为纸制品的产量列向量，j 代表五种纸制品（新闻纸、印刷书写纸、家庭用纸、包装纸和其他纸制品），t 表示时期。$R_{i,t}$ 为纤维原料供给量列向量，i 表示三种纤维原料（机械木浆、化学木浆和再生木浆），纤维原料的供给量等于国内产量加上进口量，并减去出口量。$H_{j,i,t}$ 是投入产出矩阵，表示 t 时期为生产 j 产品而使用的 i 原料总量的比例。

$$Q_{j,t} = H_{j,i,t} \cdot R_{i,t} \tag{6-11}$$

Cote et al.（2015）的研究中给出了矩阵 $H_{j,i,t}$ 的计算方法。公式 6-12 中 $\xi_{i,j,t}$ 为在 t 时生产产品 j 使用的原料 i 的比例，$h_{i,t}$ 为三种纤维原料在 t 时期的比例，$m_{j,t}$ 为五种纸制品产量的比例，$\eta_{i,j,t}$ 为在 t 时期各类纸浆的造纸产出率（表 6.1）。为了保证各种纸制品消耗的原料比例和为 1，利用公式 6-13 实现的标准化 $\xi_{i,j,t}$。本研究根据 Ewijk et al.（2018）的研究给出的造纸过程中非纤维的比例调整了 $\xi_{i,j,t}$ 的值[①]。

$$\xi_{i,j,t} = \frac{m_{j,t} h_{i,t}}{\eta_{i,j,t}} \tag{6-12}$$

$$\xi^*_{i,j,t} = \frac{\xi_{i,j,t}}{\sum_{j=1}^{n} \xi_{i,j,t}} \tag{6-13}$$

利用公式（6-12）和（6-13）计算的矩阵 H 见表 6.1，表格给出了 2000—2017 年五种纸制品原料结构比例均值的计算结果。由于中国造纸产业的纤维原料结构和纸制品生产结构都发生了变化。2000 年，再生木浆、化学木浆、机械木浆和其他纤维的比例分别为：39.81%、16.62%、4.98% 和 38.59%，到 2017 年该比例变为：63.00%、28.51%、2.60% 和 5.90%，再生木浆的比例有了大幅的提升，而其他纤维的比例下降到只有 2000 年的六分之一；同时纸制品生产的结构也发生了变化，2000 年新闻纸、印刷书写纸、卫生纸和生活用纸、包装纸和其他纸及纸板的产量比例分别为：4.75%、25.25%、8.20%、57.05% 和 4.75%，到 2017 年该比例变为：2.11%、22.96%、8.63%、61.50% 和 4.81%，其中新闻纸所占比例减少到 2000 的一半不到，印刷书写纸和包装纸的比例略有增长。所以本研究与已有研究不同的是采用变

① 利用非纤维的比例，计算纤维占的比例，并用该比例与 $\xi_{i,j,t}$ 相乘。

化的纸制品原料结构比例，以反映纤维原料结构变化对纸制品生产过程的影响。该结果与 Ewijk 等(2018)和 Szabó 等(2009)的研究结果存在着较大的差异，再生木浆在五种纸制品中的比例远高于已有研究的结果，而机械木浆所占的比例要低于已有研究，只有化学木浆与已有研究较为接近。由于中国木浆相对缺乏导致废纸成为造纸的主要原料，且机械木浆能耗较高，这两个原因共同导致了该结果。

表 6.1 模型关键参数设置及来源

模型参数	变化范围	数据来源	使用值
化学木浆产出	[0.40, 0.55]	Martin et al.（2000）	0.48
机械木浆产出	[0.90, 0.95]	Martin et al.（2000）	0.93
再生木浆产出	[0.73, 0.89]	Stawicki and Read（2010）; FAO（2016）	0.81
纸浆造纸产出率		Eurostat（2016）; FAO（2016）	0.95
纸制品存储比例	[0.06, 0.12]	Cote et al.（2015）; IEA（2007）; FAO（2010）	0.09
下水道排放的纸制品比例		Cote et al.（2015）	0.03
用于能源回收的废纸比例		OECD（2015）	0.12
用于焚烧的废纸比例		OECD（2015）	0.08
用于填埋的废纸比例		Ewijk te al.（2018）	0.06
无能源回收处理的废纸比例		Ewijk te al.（2017）	0.06

表 6.2 造纸能源消耗系数

模型参数	数据来源	使用值
森林培育、砍伐及切片过程能耗(GJ/m^3)	Chen and Qiu（2014）	0.7
化学木浆热能消耗(GJ/t)	Gullichen and Fogelholm（2000）	22.2
化学木浆电能消耗(kWh/t)	Nilsson et al.（1995）	780
机械木浆电能消耗(kWh/t)	Gullichen and Fogelholm（2000）	2200
废纸制浆热能消耗(GJ/t)	Laurijssen et al.（2010）	0.4
废纸制浆电能消耗(kWh/t)	Laurijssen et al.（2010）	390
纸浆造纸热能消耗(GJ/t)	Laurijssen et al.（2010）	6.9
纸浆造纸电能消耗(kWh/t)	Laurijssen et al.（2010）	760
化学木浆制浆热能产出(GJ/t)	Gullichsen and Fogelholm（2000）	22.2
化学木浆制浆电能产出(kWh/t)	Laurijssen et al.（2010）	1580

（续）

模型参数	数据来源	使用值
机械木浆制浆热能产出（GJ/t）	Holmberg and Gustavsson（2007）	5.4
废纸制浆热能产出（GJ/t）	James（2012）	0.42
废纸焚烧电能产出（kWh/t）	James（2012）	1200
电能碳排放系数（kg CO_2/kWh）	NDRC et al.（2011）	0.61
热能碳排放系数（kg CO_2/GJ）	Chen and Qiu（2014）	105.1

研究计算造纸产业在制浆、造纸和废弃物管理过程中的能源消耗，并根据能源消耗计算碳排放量。Szabó et al.（2009）认为，采用不同种类纸浆造纸将导致能源消耗的较大差异，并且在制浆和造纸过程不仅消耗能源，还会产生部分能源，如在化学木浆生产过程中产生的 black liquor 能产生大量能源。本研究根据造纸产业生产环节分四部分进行碳排放的核算：①森林资源培育、采伐和切片过程；②制浆过程；③造纸过程；④纸制品消费后的处理过程，含能源回收和垃圾焚烧（见公式 6-14）。

$$CO_2 - \text{Emission} = \underbrace{\sum_n EU^{wood} \cdot \lambda_h}_{\text{forest-cultivation-harvesting-process}} + \underbrace{\sum_i \sum_j (EU_{ij}^{pulp} - EG_{ij}^{pulp}) \cdot \lambda_j}_{\text{pulping-process}} + \underbrace{\sum_m \sum_j (EU_{mj}^{paper} - EG_{mj}^{paper}) \cdot \lambda_j}_{\text{papermaking-process}} \underbrace{- ERE \cdot \lambda_e + INC \cdot \lambda_e}_{\text{consumption-recycling-process}} \quad (6-14)$$

其中，n 表示化学木浆和机械木浆，i 表示三种纸浆类型，m 表示五种纸制品，j 表示能源种类：热能和电能。EU 为能源消耗，EG 为能源产出，λj 为生产单位 j 能源（热能或电能）的 CO_2 排放量（表 6.2），ERE 为废纸消费后被作为能源回收的部分产生的电能，λe 为生产单位电能的 CO_2 排放量，INC 为废纸焚烧产生的电能当量。根据表 6.2 给出的不同制浆过程、造纸过程以及纸制品消费后处理过程中的热能和电能的消耗系数和产出系数，可以计算出各环节的能源消耗、产出以及净碳排放量。

6.1.3　模型仿真的框架

废纸回收对造纸产业碳排放的影响是一个复杂的系统。尤其，产业在发展过程中向循环经济的转变，形成了非线性的物质循环结构。因此，废纸回收对造纸产业碳排放的影响是多维度的复杂系统。本节将分析废纸回收和碳排放的关系如何在系统内传导。

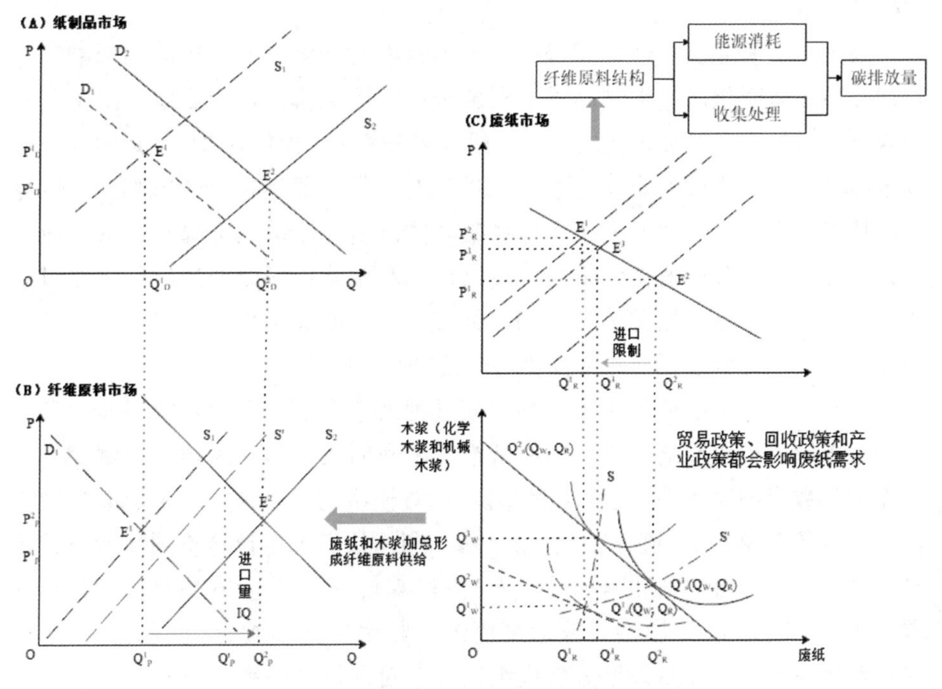

图 6.3　废纸回收对造纸产业碳排放市场关系

图 6.3 描述了纸制品市场和纤维原料市场之间的关系以及市场变化对造纸产业碳排放的影响。本研究假设纸制品需求的变化趋势是外生决定的，并且受到价格变化的影响，纸制品的供给主要受到纤维原料供给能力和产能的制约。纸制品的最终供需均衡决定了纤维原料的需求量，而纤维原料的供给主要包括木浆(机械木浆和化学木浆)、废纸和其他纤维原料，其中木浆和废纸是最重要的纤维原料，约占纤维原料消费量的 80%以上。根据已有研究认为废纸和木浆存在着替代关系，所以在过去的 20 年间废纸由于价格低和能源消耗少的特性，逐步成为中国最主要的纤维原料供给来源。纤维原料的改变主要受到回收政策、产业政策和贸易政策的影响，表现为对废纸供给量和价格的变化。以 2016 年后的废纸进口限制政策为例，该政策导致废纸进口量大幅下降，2018 年的进口量 1705 万吨，同比减少了 33.7%，导致国内废纸价格上涨，而国际市场价格下降，形成了巨大价差。在这种情况下，国内价格的上升将增加废纸回收量，进而提升了废纸回收率；另一方面，废纸价格的上升将导致其替代品木浆的需求增加，进而改变了造纸的纤维原料结构。纤维原料的改变将影响造纸产业的能源消耗和回收处理过程，这些影响最终作用

到碳排放量。

因此，本研究从三个方面分析废纸回收率对造纸产业碳排放的影响。①宏观经济环境变化通过纸制品需求对废纸回收和碳排放产生影响。由于模型中需求是由外生变量和价格决定的，研究将分析 COVID-19 对 GDP 的冲击对废纸回收率和碳排放的影响。②技术进步对造纸产业碳排放的影响，本研究中的技术进步主要表现为投入产出系数和能源消耗系数的下降对造纸产业碳排放的影响。③分析贸易政策通过废纸市场和木浆市场改变造纸纤维原料结构，并影响纸制品的能源消耗和回收处理过程。研究利用模型对这三方面的影响进行模拟分析废纸回收率变化对造纸产业碳排放的影响。

图 6.4 描述了本章的仿真流程，该过程共包含五个部分：第一步，利用第四章求解的历史废纸回收率、废纸损耗率和回收周期作为仿真模型和 LCA 模型的参数或约束条件(流程①和②)，设置模型的外生情景并形成外生数据库输入到仿真模型中(流程③)；第二步：利用仿真模型计算不同情景下造纸产业纸制品、纤维原料和木材的供需(流程④)；第三步：在仿真模型计算结果基础上，利用 LCA 模型计算未来废纸回收率和碳排放量(流程⑤)；第四步：利用时变参数计量模型分析废纸回收率对碳排放的影响(流程⑥)；第五步：分析造纸产业碳减排的效果，并形成政策建议(流程⑦和⑧)。

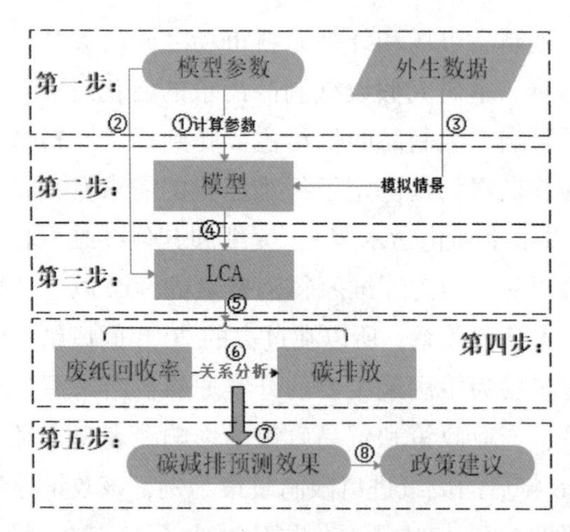

图 6.4 废纸回收利用对造纸产业碳排放影响的仿真流程图

6.1.4 模型历史模拟的评价

GFPM 和 LCA 组合模型只要给出模型中外生变量和内生变量的初始值就可以对模型中内生变量进行模拟和预测。为了对模型的效果进行判断，本节对模型中主要内生变量的历史模拟能力进行评价。模型的预测能力评价经常采用 Theil 不相等系数及其分解——偏差比率、方差比率和协方差比率(分别为公式 6-15、6-16、6-17 和 6-18)，Theil 不相等系数能较好地反映模型的预测能力。

Theil 不相等系数：

$$U_3 = \frac{\sqrt{\frac{1}{T}\sum_t (Y_t^s - Y_t^r)^2}}{\sqrt{\frac{1}{T}\sum_t (Y_t^s)^2} + \sqrt{\frac{1}{T}\sum_t (Y_t^r)^2}} \tag{6-15}$$

偏差比率：

$$U^M = \frac{(\bar{Y}^s - \bar{Y}^r)^2}{\sum (Y_t^s - Y_t^r)^2/T} \tag{6-16}$$

方差比率：

$$U^S = \frac{(\sigma_s - \sigma_r)^2}{\sum (Y_t^s - Y_t^r)^2/T} \tag{6-17}$$

协方差比率：

$$U^C = \frac{2 \cdot (1-\rho)\sigma_s \cdot \sigma_r}{\sum (Y_t^s - Y_t^r)^2/T} \tag{6-18}$$

研究选取了五种纸制品和三种造纸纤维原料需求 1992—2017 年的历史模拟结果，由于需求包含了供给和进出口的信息，更能反映模型对历史数据的还原能力。表 6.3 给出了模型中主要内生变量的模拟 Theil 不相等系数机器分解的计算结果。在这些变量中印刷书写纸和其他纸制品的 Theil 系数较大，超过了 5%，其产品的需求的 Theil 系数均小于 5%。这说明，模型较好地反映了各变量真实变化趋势，对变量具有较好的预测能力。从 Theil 系数分解看，模型的方差比率较大，新闻纸、包装用纸、其他纸制品、机械木浆和化学木浆的方差比率超过了 5%，这说明模型对需求的波动反映程度稍有不足。总之，模型较好地拟合了造纸产业的历史数据，反映了造纸产业的发展趋势。

表 6.3 GFPM 和 LCA 组合模型历史模拟结果评价

产品需求	Theil 系数	偏差比率	方差比率	协方差比率
新闻纸	0.0437	0.0132	0.0893	0.8975
印刷书写纸	0.0167	0.0543	0.0423	0.9034
厨卫用纸	0.0567	0.0769	0.0103	0.9128
包装用纸	0.0412	0.0622	0.0864	0.8514
其他纸制品	0.0674	0.0836	0.1104	0.8060
机械木浆	0.0257	0.0453	0.0513	0.9034
化学木浆	0.0349	0.0564	0.0587	0.8849
废　纸	0.0216	0.0384	0.0496	0.9120

数据来源：R 语言计算获得。

模型中各个变量对主要纸制品和纤维原料的整体变化趋势有较好的拟合度，但对各变量的具体波动的拟合度较差。导致这种情况的主要原因有：①数据的不足限制了模型对林产品真实供需波动情况的反映能力。模型的数据主要源自 FAO 林业数据库和《中国林业统计年鉴》，由于数据的统计口径不同，导致部分真实序列的变化极端异常。②为了使模型的结构尽量简单、稳健和便于操作，在模型中考虑了较少的外生变量，所以导致模型对内生变量的波动情况反映能力不足。③中国经济社会正处于不断变革中，模型只是较好地反映了木质林产品的整体变化趋势，但不能较为完整地反映外部因素导致的结构性变化。该组合模型虽然对木质林产品的变化细节反映能力不足，但对整体的变化趋势有较好的把握。所以，该模型对分析中国木材消耗和供给有着较强的分析能力。

6.2 模拟情景的估计与设置

本节根据宏观经济和 COVID-19 疫情的变化情况，利用蒙特卡洛模拟的方法预测未来 2020—2030 年世界各国 GDP 增长率，为造纸产业废纸回收利用和碳排放的仿真分析提供宏观数据支撑。

6.2.1 COVID-19 背景下 GDP 增长率的预测

COVID-19 在全球大爆发，注定对 2020 年世界经济带来严重的负面影响，甚至可能引发百年来最严重的经济衰退，宏观经济环境的变化必然给造纸产业带来复杂的影响。因此，分析废纸回收对造纸产业碳排放的影响需要对宏观经济环境进行科学的设定，才能更好地反映特殊时期产业的变化特征。根据世界卫生组织(WHO)的数据，截至2020年5月20日，在全球216个国家中发现了COVID-19，已导致470万例确诊感染病例和31.6万例死亡。新型冠状病毒在许多国家的迅速传播使他们的卫生系统不堪重负。由于该病毒具有高度传染性，并且在大流行的加速阶段爆发性传播具有不可避免的影响，多数国家和地区的政府已采取严厉的公共卫生控制措施，包括封锁、隔离学校和社区，商业活动停止，居民被限制旅行等，以控制大流行。这些措施虽然有效，但必将对经济造成严重损害，尤其国内生产总值的直接损失是不可避免的(Galí，2020；Gourinchas，2020；Weder di Mauro，2020；Makridis and Hartley，2020；Ramelli and Wagner，2020)。受COVID-19疫情影响较大的国家，经济下滑已经非常明显。2020年第一季度大规模的封锁措施使中国的生产和消费几乎停滞不前。据彭博社报道，中国一、二月的工业生产下降了13.5%，而中值估计为-3%，远高于此前的预期(Baldwin and Weder di Mauro，2020)。可以肯定的是，由于明显的原因，即将发生较大规模的经济衰退，但是衰退的程度和持续性仍然非常不确定。

由于COVID-19产生的影响具有很大的不确定性，所以本研究想实现对回收率和造纸产业碳排放的预测必须充分掌握宏观经济的变化。已有研究(IMF，2020)对COVID-19对GDP的中短期影响进行了预测，但仍然无法满足本研究长度十年的预测目标。因此，研究利用图形的三角法，并结合ARIMA、ETS和组合预测的方法对2019—2030年世界180个国家的GDP变化率进行了预测，作为仿真模型外生宏观变量的输入。

对GDP变化率的预测主要分为以下步骤：①利用分对称滤波的方法对GDP变化率的周期性变化和趋势变化的部分进行提取，然后利用三角法对世界各个国家经济衰退的幅度、衰退持续时间和恢复持续时间(附录2)进行汇总分析；②利用ARIMA、ETS和组合预测的方法对GDP变化率的趋势变化部分进行预测；③利用蒙特卡洛模拟的方法预测经济衰退的置信区间；④利用计量预测结果和蒙特卡洛模拟结果获得最终GDP变化率。该种方法的优势在于可在获取关于经济衰退充分信息的基础上获得经济衰退的可能范围，尤其可以获得经济衰退的各个阶段的特征。

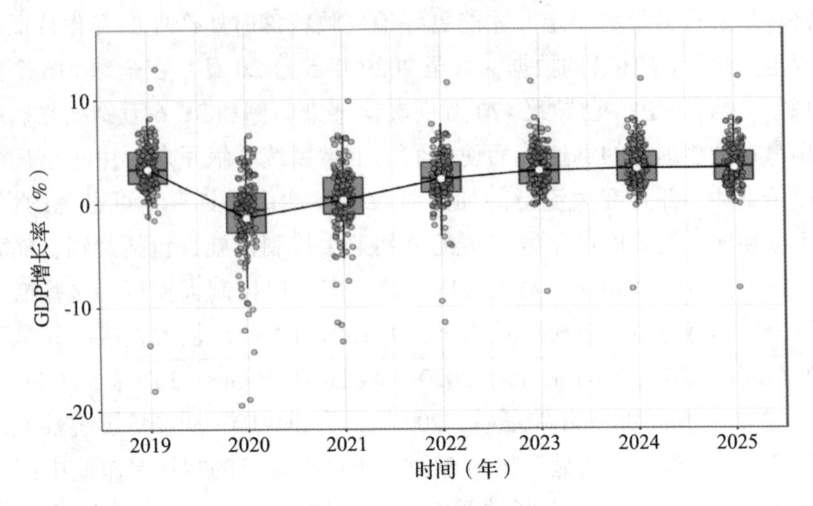

图 6.5　世界 GDP 预测结果

图 6.5 描述了 2019 年至 2025 年全球 GDP 变化率的分布，该图涵盖了几乎所有国家的模拟衰退持续过程。可以看出，衰退期间全球平均 GDP 呈现出不对称的 V 形衰退，复苏期更长，转折点出现在 2020 年。153 个国家/地区在 2020 年的平均 GDP 的四分位数范围为-3.63%至 1.20%，中位数为-2.46%，全球 GDP 将出现严重收缩。2021 年后，全球经济开始恢复，全球 GDP 平均变化率在 2023 年恢复到危机前的 3.29%。

图 6.6 描述了 G7 国家和中国 2019 至 2025 年间模拟 GDP 变化率的分布，反映了此次经济衰退的全过程。可见中国 GDP 的增长在 2020 年出现了低谷，但经济增长率仍然为正，四分位数范围为 3.97 %至 5.82%；从 2021 到 2022 年，中国经济呈现强劲的复苏势头。预测结果能准确地反映 COVID-19 疫情变化的趋势，并给出了预测的范围。

6.2.2　仿真情景的设置

为了减少仿真模拟的计算量，研究把 GDP 增长率分为两个阶段：第一个阶段为 2019—2024 年，该阶段为 COVID-19 疫情影响阶段，由于该阶段 GDP 变化率出现了较大的波动，所以仿真模型采用每年的 GDP 变化率作为外生输入；第二个阶段为 2025—2030 年，该阶段已经摆脱疫情的影响，经济发展进入一个相对平稳的时期，所以仿真模型采用六年的 GDP 平均变化率作为外生

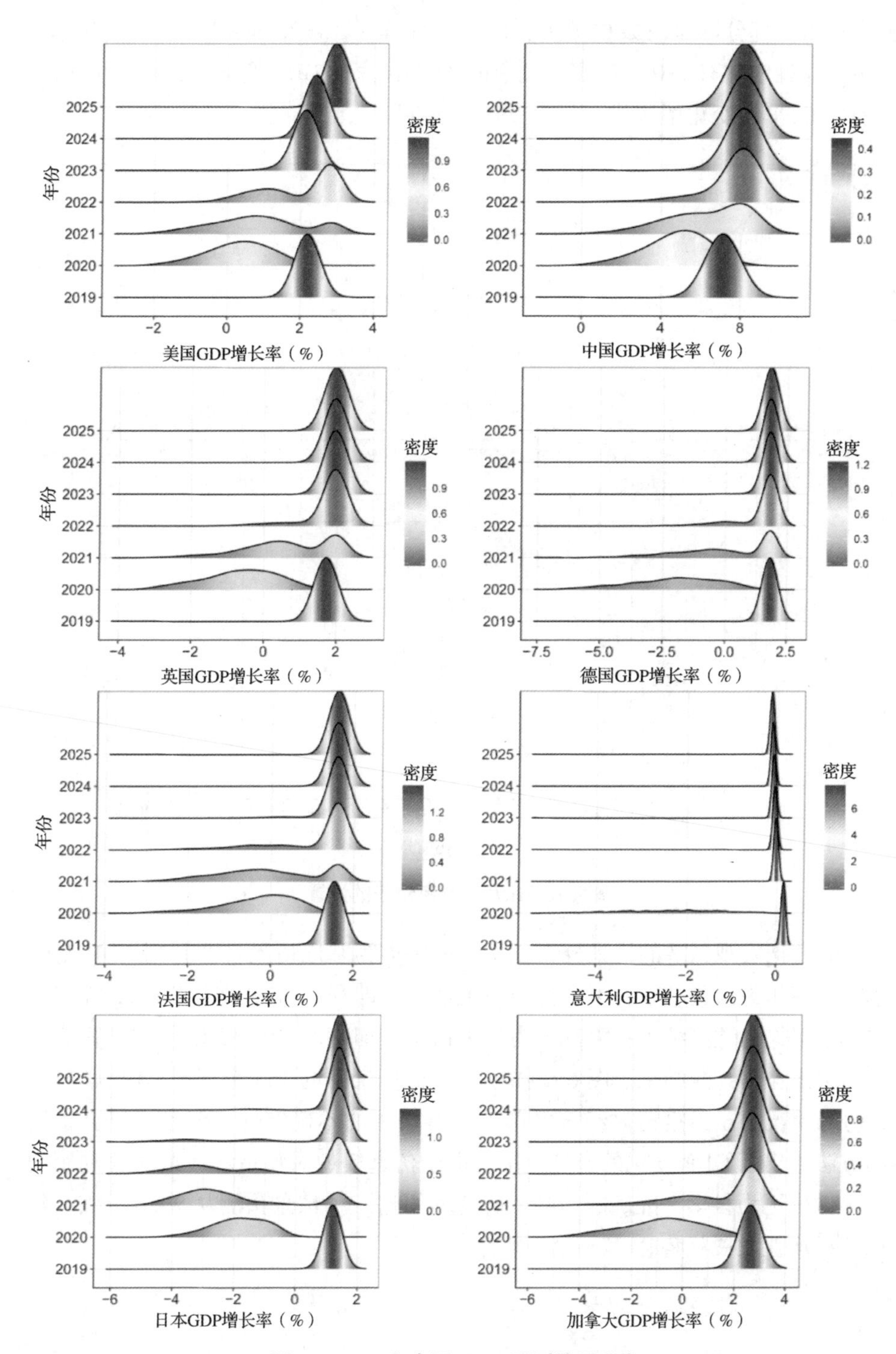

图 6.6　G7 和中国 GDP 预测结果分布

输入。由于部分国家的数据缺失，研究只计算了 153 个国家的 GDP 变化率，而仿真模型中共有 180 个国家，剩余的 27 个国家的 GDP 变化率分别采用该区域的 GDP 平均变化率替代。

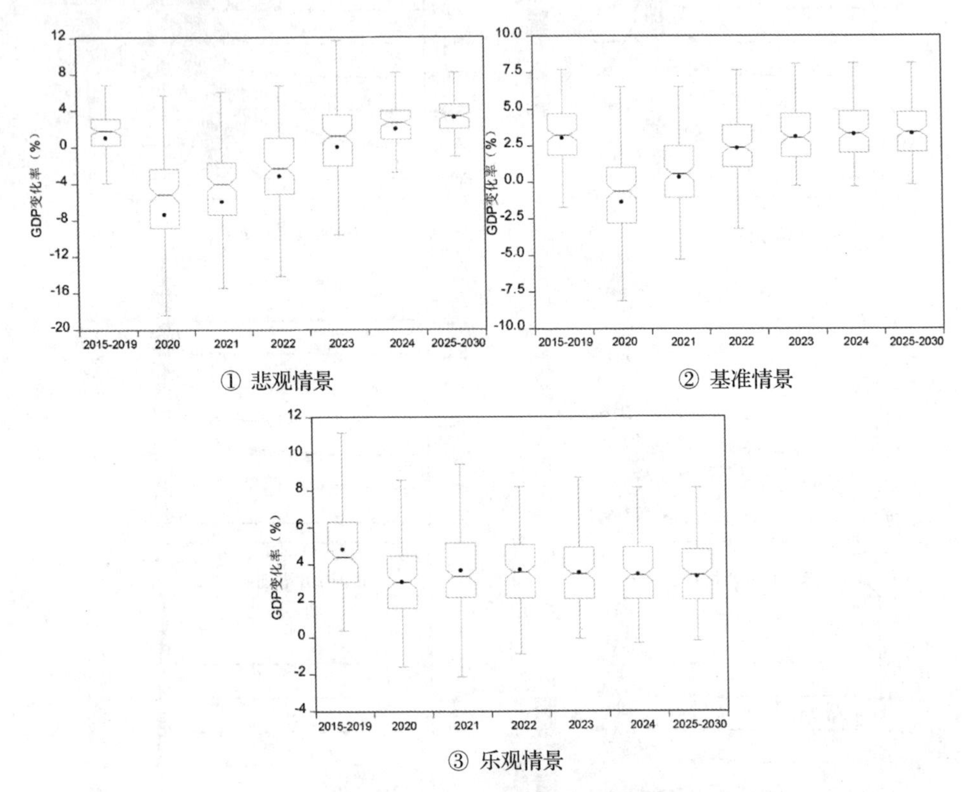

① 悲观情景　② 基准情景

③ 乐观情景

图 6.7　GDP 增长率情景的设置

研究把宏观经济的情景分为三类：第一类为基准情景，即利用 GDP 变化率的均值作为预测结果；第二类为悲观情景，即利用 GDP 变化率 95%置信区间的下限作为预测结果；第三类为乐观情景，即利用 GDP 变化率 95%置信区间的上限作为预测结果。图 6.7 描述了三种情景下的 153 个国家 GDP 增长率的分布情况，虽然疫情对经济的影响具有极大的不确定性，但是本研究采用的方法给出了 GDP 变化的合理范围有助于仿真模型对疫情和废纸回收利用的情况做出更为科学、准确的预测。研究利用这三种情景预测从 2020—2030 年的造纸产业发展趋势。

6.3 碳排放和废纸回收利用变化趋势预测结果

本部分将利用仿真模拟预测2020—2030年中国造纸产业废纸回收率和碳排放的变化趋势。该部分将分别展示在COVID-19背景下，纸制品供需变化趋势、造纸纤维原料的变化趋势、中国废纸回收和利用情况的变化趋势和造纸产业碳排放的变化趋势。

6.3.1 中国纸制品消费量和产量变化趋势预测结果

2020年COVID-19的大流行严重地打击了世界经济，各国不断修正经济增长预期，所有已有研究对造纸产业的预期面临失效。一方面，经济的下行将导致纸制品需求的下降；另一方面电子商务在保障商品正常流通领域发挥了巨大的作用，物流需求的增长导致包装纸需求的增加。因此，COVID-19对纸制品消费的影响复杂，在短期内纸制品的需求不会大幅减少；随着经济的复苏，纸制品的需求在未来十年还将保持一个较稳定的增长趋势。

图6.8给出了四种主要纸制品在悲观、基准和乐观情景下的预测结果，从变化趋势看COVID-19对四种产品的影响并不显著，各种纸制品的需求基本保持在一个较为稳定的增长趋势上。中国纸制品的消费总量将以约0.9%~6.9%的速度增长，2030年中国纸制品的消费总量将达到207672.4千吨，年人均纸制品消费量约为130千克，接近日本2017年148千克的纸制品消费量，但中国人均纸制品消费量仍只有美国、英国等发达国家人均纸制品消费量的50%。其中，增长速度较快的纸制品为印刷书写用纸，其增长速度为1.2%~7.9%，预计消费量和产量分别为55707.8和61885.2千吨；消费最多的纸制品为其他纸制品(包括：卫生纸与生活用纸、包装纸及其他纸和纸板)，其消费量和产量在2020—2030年的增速为0.8%~6.6%，2030年的消费量和产量将分别达到146031.2和146227.1千吨。因此，预测结果说明，未来十年中国纸制品的需求仍将以一个较快的速度增长，年平均增速约为3.3%。从需求变化的特征看，印刷和书写用纸和其他纸制品中的包装纸的需求量增加较大，成为主要的增长源。从纸制品的生产看，中国纸制品的产量将以年均3.4%的速度增长，主要的四种产品均为净出口。总之，未来十年快速增长的需求和产能的增加将推动造纸纤维原料的需求增长，进一步加剧纤维原料的供需矛盾；另一方面纸制品需求和产量的大幅增加进一步增加了造纸产业的碳排放总量。

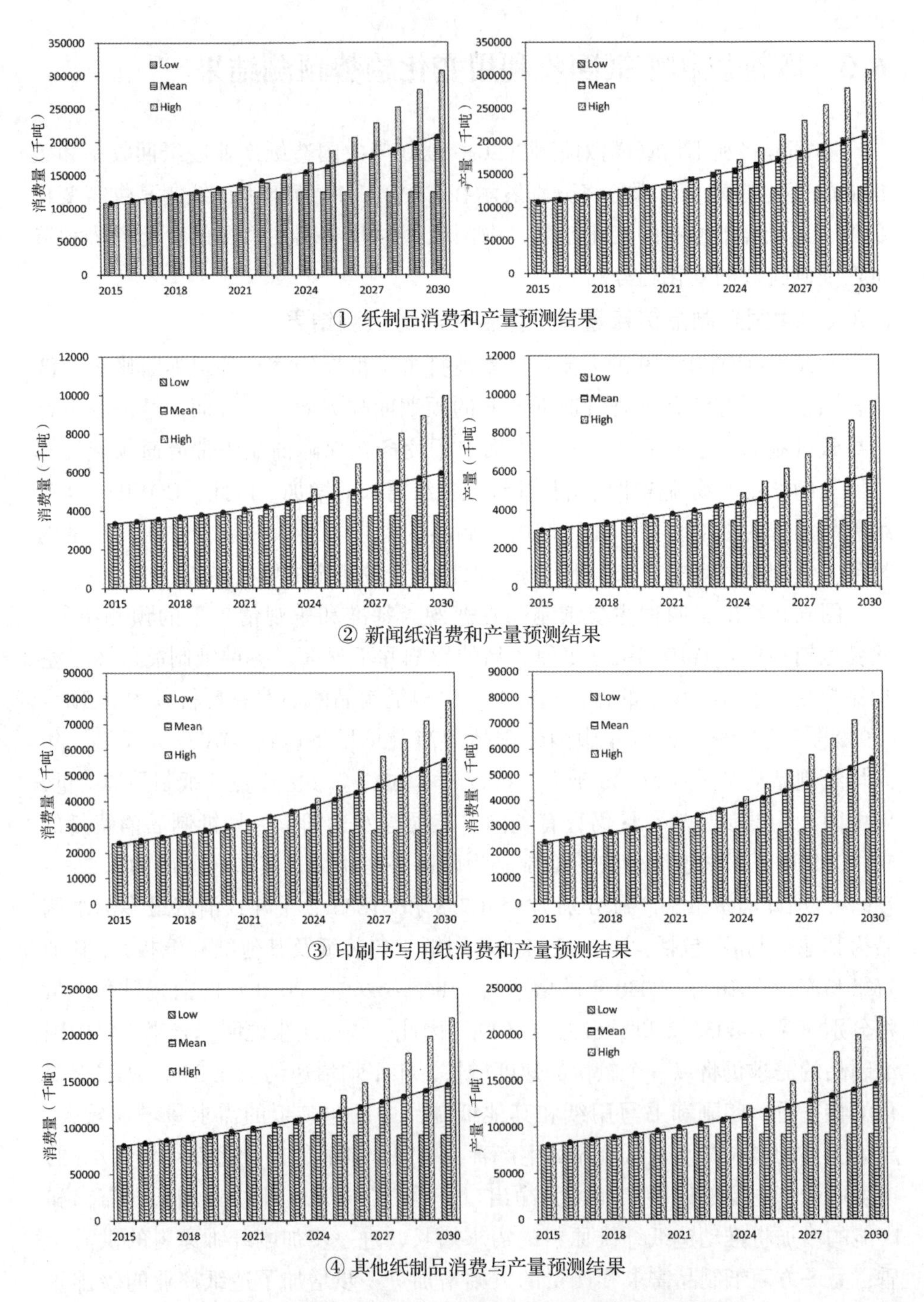

图 6.8　中国各种纸制品消费量和产量变化趋势预测结果

研究对比了疫情前后纸制品需求变化的趋势（表 6.4）以判断 COVID-19 对纸制品需求的影响。比较结果说明，悲观和基准情景下，疫情前（2015—2019）、疫情发生和恢复阶段①（2020—2024）和疫情后（2025—2030）纸制品需求和供给的增长率存在显著差异。疫情导致中国和世界其他国家和地区经济大幅下滑，导致国内对纸制品需求的下降；同时，疫情引发的国际物流体系的终端变化使纸制品的国际贸易量下降。在这两点共同作用下纸制品的需求增速下降，但供给增速下降的幅度要略低于需求增速。并且，疫情还导致各种纸制品需求和供给增速的方差增加，差异性结果显示几乎所有纸制品在疫情及恢复期需求和供给增长率的标准差均大幅增加，这导致市场的波动程度上升，给市场带来了更大的不确定性。预测结果还说明，疫情过后，由于世界经济的恢复，纸制品需求将出现一个增长幅度较大的区间。

纸制品的消耗和生产是影响造纸产业碳排放的主要因素，所以造纸产业碳排放量预测的可靠性是由纸制品需求预测结果决定的。由于未来十年中国经济面临的诸多不确定性因素，经济下行的压力增加，故判断中国纸制品的消费量和产量的变化趋势应介于悲观情景和基准情景之间。

表 6.4 纸制品消费与产量在疫情前后差异性分析

变量	时期	变化率均值			变化率标准差		
		悲观	基准	乐观	悲观	基准	乐观
纸制品消费量	疫情前（2015—2019）	0.03463	0.03676	0.03554	0.00049	0.00061	0.00054
	疫情（2020—2024）	0.00033	0.04204	0.06040	0.00116	0.00124	0.03699
	疫情后（2020—2024）	−0.00023	0.04919	0.09995	0.00012	0.00010	0.00184
	差异性检验	3410.302***	317.9***	11.6***	14.8***	16.5***	37.9***
纸制品产量	疫情前（2015—2019）	0.03405	0.03671	0.03530	0.00195	0.00205	0.00200
	疫情（2020—2024）	0.00201	0.04282	0.05934	0.00101	0.00116	0.03413
	疫情后（2020—2024）	0.00183	0.04940	0.09708	0.00020	0.00035	0.00106
	差异性检验	1155.1***	127.5***	12.5***	13.5***	9.1***	34.6***

① 根据中国 GDP 变化率的预测结果划分，2025 年经济增长将恢复到疫情前的正常轨迹。

（续）

变量	时期	变化率均值			变化率标准差		
		悲观	基准	乐观	悲观	基准	乐观
新闻纸消费量	疫情前（2015—2019）	0.02841	0.03067	0.02938	0.00027	0.00050	0.00042
	疫情（2020—2024）	-0.00032	0.03650	0.06109	0.00049	0.00127	0.04692
	疫情后（2020—2024）	-0.00048	0.04392	0.11065	0.00014	0.00034	0.00153
	差异性检验	11399.2***	335.0***	11.4***	5.8*	7.0**	44.3***
新闻纸产量	疫情前（2015—2019）	0.03647	0.03997	0.03838	0.00293	0.00079	0.00094
	疫情（2020—2024）	-0.00033	0.04321	0.06923	0.00052	0.00083	0.04879
	疫情后（2020—2024）	-0.00053	0.04818	0.11301	0.00014	0.00118	0.00179
	差异性检验	889.7***	89.0***	8.8**	25.2***	3.8	39.0***
印刷书写纸消费量	疫情前（2015—2019）	0.04588	0.04821	0.04683	0.00083	0.00130	0.00119
	疫情（2020—2024）	0.00003	0.05551	0.07195	0.00115	0.00140	0.03733
	疫情后（2020—2024）	-0.00062	0.06311	0.10835	0.00023	0.00044	0.00294
	差异性检验	2535.8***	234.5***	10.2***	9.7***	5.1**	29.6***
印刷书写纸产量	疫情前（2015—2019）	0.04589	0.05034	0.04817	0.00685	0.00693	0.00701
	疫情（2020—2024）	0.00693	0.05927	0.06996	0.00114	0.00077	0.02754
	疫情后（2020—2024）	0.00758	0.06424	0.10068	0.00092	0.00082	0.00123
	差异性检验	174.6***	18.6***	13.0***	16.6***	20.4***	23.9***
其他纸制品消费量	疫情前（2015—2019）	0.03147	0.03354	0.03237	0.00027	0.00036	0.00030
	疫情（2020—2024）	0.00045	0.03788	0.05663	0.00105	0.00109	0.03640
	疫情后（2020—2024）	-0.00010	0.04438	0.09656	0.00007	0.00009	0.00154
	差异性检验	3295.0***	343.5***	11.9***	20.4***	17.3***	42.3***
其他纸制品产量	疫情前（2015—2019）	0.03016	0.03220	0.03105	0.00027	0.00049	0.00043
	疫情（2020—2024）	0.00044	0.03699	0.05529	0.00105	0.00120	0.03581
	疫情后（2020—2024）	-0.00010	0.04354	0.09511	0.00007	0.00044	0.00102
	差异性检验	3701.8***	259.0***	12.3***	20.4***	4.8*	43.8***

注：*：10%水平显著，**：5%水平显著，***：1%水平显著；均值的差异性检验报告的是 Anova F 检验；标准差的差异性检验报告的为 Bartlett 检验。

6.3.2 中国造纸纤维原料变化趋势预测结果

造纸纤维原料需求是纸制品的引发需求，中国造纸纤维的主要原料为机械木浆、化学木浆、其他纤维和废纸共四种纸浆，最重要的两种纸浆为化学木浆和废纸。

图 6.9 描述了四种造纸纤维原料在悲观、基准和乐观情景下的变化趋势。结果显示，2020—2030 年化学木浆和机械木浆的需求增长速度最快，年均达到了 3.3%和 4.8%。2020 年化学木浆的需求量约为 33924.1~34199.8 千吨，到 2030 年约为 50469.6~75245.9 千吨。同时，化学木浆的供给以约 0.9%的速度下降，处于国内需求大于供给的状态，2020 年化学木浆的供给量为 33998.0~35248.1 千吨，2030 年为 9544.7 ~34320.2 千吨。国内化学木浆的供给仍然以进口为主，对外依存度仍处于十分高的水平，2020 年木浆的净进口量约为 25075.7 千吨，2030 年为 40924.9 千吨，2020—2030 年木浆的进口依存度平均约为 50%以上。

废纸是中国主要的造纸纤维原料，2020 年废纸的需求量为 96024.2~101240.4 千吨，2030 年为 98501.2~240385.1 千吨。同时，废纸的供给以约 3.2%的速度上升，同样处于国内需求大于供给的状态，2020 年废纸的供给量为 64647.7 ~69288.7 千吨，2025 年为 68034 千吨，2030 年为 66116.6~124359.3 千吨。虽然供给增长速度快于需求增长的速度，但废纸的对外依存度仍处于十分高的水平。由于中国政府施行了系列废纸进口限制政策，尤其在 2020 年后可能全面禁止进口废纸，在国内废纸回收能力有限的情况下，废纸的需求可能降低，转而利用木浆替代。机械木浆和其他纤维原料的变化幅度不大，2020 至 2030 年机械木浆的需求增长率为 1.5%，产量的变化率为 0.016%；到 2030 年需求量约达到 1103.0 千吨，供给量约为 1099.8 千吨。其他纤维原料需求和供给的变化率约为 3.6%和 3.5%，到 2030 年需求量和产量分别为 11448.0 和 11431.4 千吨。本章的预测结果不考虑全面禁止固体废物的情况，而是一种在自由贸易的前提下的预测结果。该结果将作为研究的基准模拟结果以判断中国废纸进口限制措施对废纸回收率和碳减排的影响。

从纸浆结构看，未来十年中国造纸的主要纤维原料仍是再生纸浆，约占纤维原料的 60%以上；其次是化学木浆约占 30%左右；而机械木浆和其他纤维原料约占 10%。因此，影响造纸产业碳排量的主要是化学木浆和废纸，利用废纸造纸可以减少对森林资源的破坏，同时回收过程还能减少填埋和焚烧产生的碳排放。因此，废纸回收将成为未来影响造纸产业碳减排的重要因素。

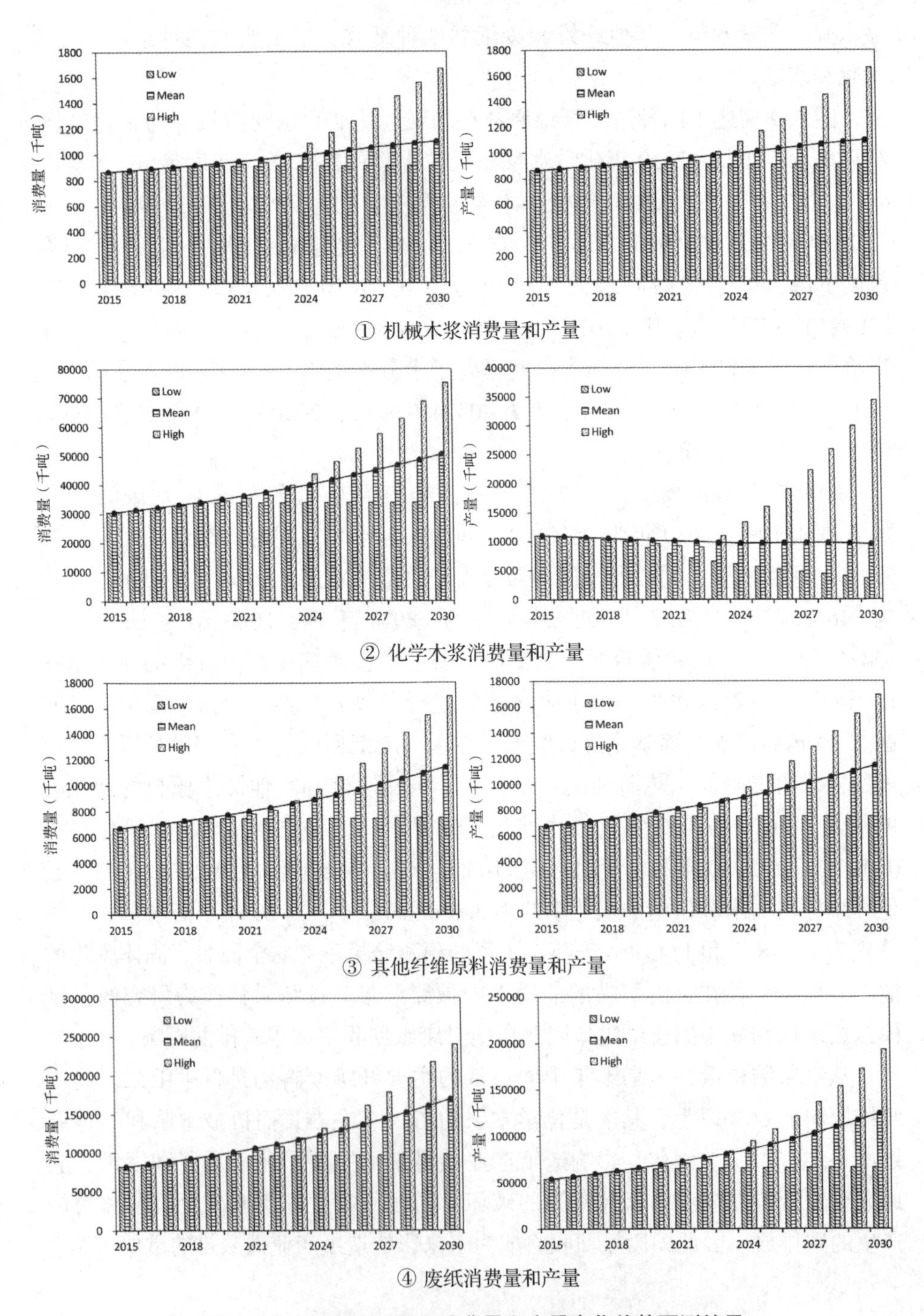

图 6.9　中国各种纸制品消费量和产量变化趋势预测结果

6.3.3 中国废纸回收率和利用率变化趋势分析

本研究在第四章中利用 Kyock 的方法计算了历史的废纸回收率、损耗率和回收周期，然而该种方法在预测数据中是无法实现的。因此，本研究根据 LCA 模型的计算结果将可回收的纸制品定义为纸制品消费量剔除被存储的纸制品、被焚烧和填埋的纸制品的部分。因此，废纸回收率被定义为公式 6-19，RP 为回收的纸制品总量，TPC 为消费的纸制品总量，STK 为消费后被存储的纸制品数量，INC 为焚烧的纸制品数量，LDF 为被填埋的纸制品数量。而废纸的利用率采用了废纸占造纸纤维原料的比例。

$$\eta = \frac{RP}{TPC - STK - INC - LDF} \tag{6-19}$$

图 6.10 给出了在悲观、基准和乐观三种情况下的废纸回收率和利用率的变化趋势。三种情况的模拟结果均显示，废纸回收率和利用率的变化趋势呈现出“S”型，在 2020 年以后废纸回收率和利用率基本处于一个稳定的趋势。2020 年三种情景下的废纸回收率的平均值分别为 68.722%、68.365% 和 69.558%，到 2030 年三种情景的回收率分别为 70.490%、70.131% 和 72.883%；2020 年的废纸利用率在三种情景下的平均值分别为 67.120%、67.773%和 67.828%；到 2030 年废纸利用率分别为 67.528%、70.266% 和 70.771%。在三种情景下，废纸回收率和利用率在 2020—2030 年的平均增长率为 0.063%和 0.790%，说明废纸回收和利用的增长潜力有限。在考虑了不可回收和时间因素后，在现有技术条件下废纸回收的潜力已经达到了天花板的顶端；而废纸利用率也与发达国家如德国 71.5%，法国 68.4%（FAO，2019）非常接近。因此，未来十年废纸回收率和利用率基本处于一个较稳定饱和状态，其变化的幅度较小。

计算结果（附录表 3.1）显示，在三种情景下，废纸回收率和利用率存在着统计学的显著差异（废纸回收率：$F(2, 47997) = 916.5^{***}$，废纸利用率：$F(2, 47997) = 1005.4^{***}$）；但是从实际数值看，2015—2030 年三个情景下的废纸回收率和利用率的平均范围为：69.2%~70.7%和 67.3%~68.8%，其差异程度并不大。COVID-19 对废纸回收率和利用率的影响在统计学上也是显著的（废纸回收率：$F(8, 47991) = 597.2^{***}$，废纸利用率：$F(8, 47991) = 634.6^{***}$）。然而，除了悲观情景下废纸回收率（疫情前：69.087%，疫情期间：69.0257%，疫情后：70.1309%）和利用率（疫情前：67.3914%，疫情期间：67.1883%，疫情后：70.1309%）在疫情期间出现了较小的差异，其他两种情景下废纸回收率和利用率均保持较稳定的增长趋势（附录表 3.1）。因此，疫情对废纸回收率和利用率的变化趋势影响虽然显著，但程度非常小。

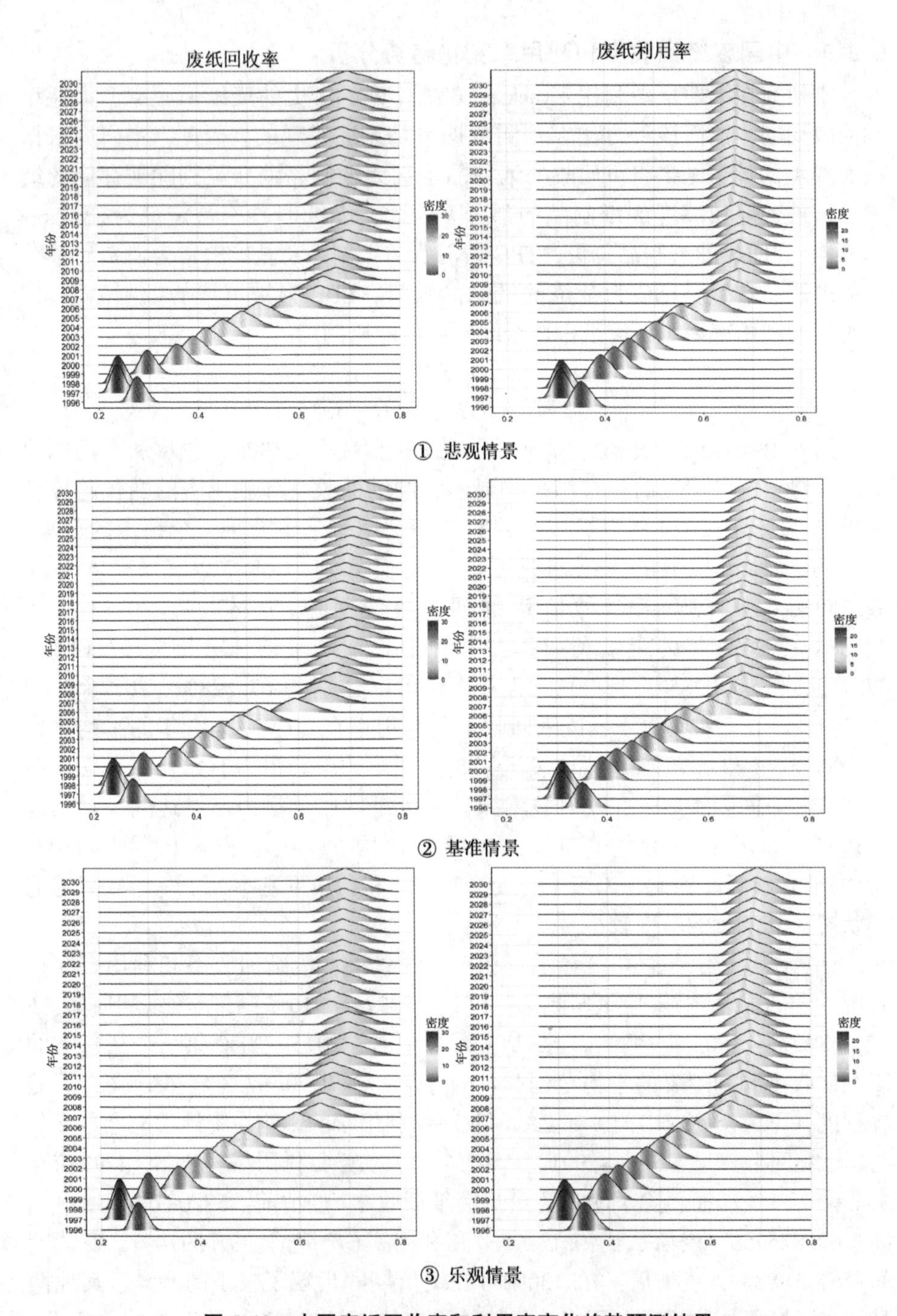

图 6.10　中国废纸回收率和利用率变化趋势预测结果

虽然废纸回收率和利用率的变化趋势较稳定，但还会受到诸如废纸价格和纸制品价格的影响(图 6.11)。研究利用仿真结果分析了废纸回收率、废纸利用率、废纸价格和纸制品价格的关系。结果显示，废纸回收率和利用率存在着显著的正相关关系，而废纸价格和纸制品价格的变化率与废纸回收率和利用率存在正相关关系，但不显著。这说明，废纸价格和纸制品价格的变化虽然对废纸回收和利用有着正向的影响，但这种效应并不显著。这主要由于废纸的利用率是由造纸产业的纤维原料结构决定的，而纤维原料结构主要由企业固定资本的构成决定的。因此，废纸的利用率与回收率之间存在着高度的正相关关系，而废纸价格和纸制品价格的影响程度不显著。

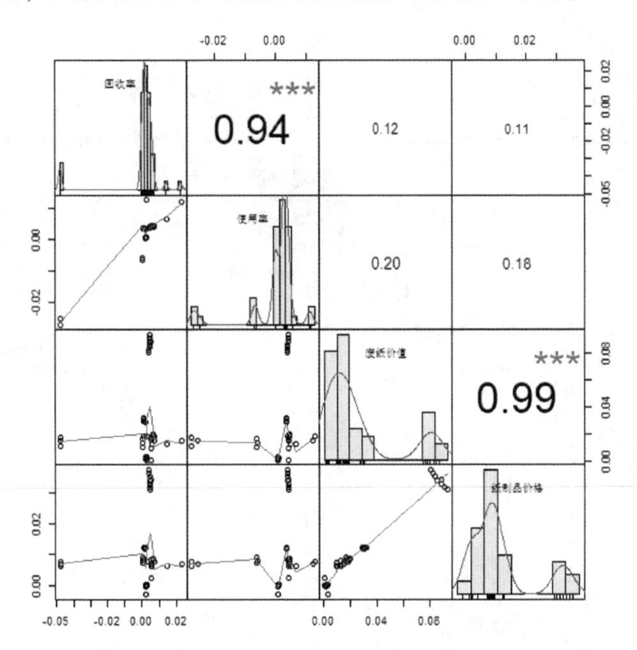

图 6.11　废纸回收率、利用率、废纸价格和纸制品价格关系

总之，中国的废纸回收利用已经达到了较高的水平，在现有技术条件下其提升的幅度不大，废纸回收和利用基本处于一个饱和状态，且接近发达国家的水平。由于废纸利用率是由产业的资本结构决定的，而废纸利用率又与废纸回收率高度相关，所以 COVID-19 在短期不会改变造纸产业的资本构成——纤维原料结构，进而对废纸利用率和回收率的影响是不明显的。

6.3.4　中国造纸产业碳排放变化趋势分析

研究在纸制品和纸浆消费量预测的基础上，还利用 LCA 模型计算从 1996—2030 年在三种情景下造纸产业碳排放总量和单位纸制品的碳排放量。

研究为了更准确地比较不同情况下的碳排放情况，又把造纸产业碳排放分为造纸过程中生产的碳排放(简称为纸制品生产碳排放)和纸制品从生产到消费整个过程的碳排放(简称为纸制品消费碳排放)；还根据在计算碳排放量时是否考虑木材消耗的森林资源碳汇量区分为考虑森林资源的碳排放量和不考虑森林资源的碳排放量。研究利用 LCA 模型进行了 1000 次的蒙特卡洛模拟计算获得在各种情况下的碳排放量。

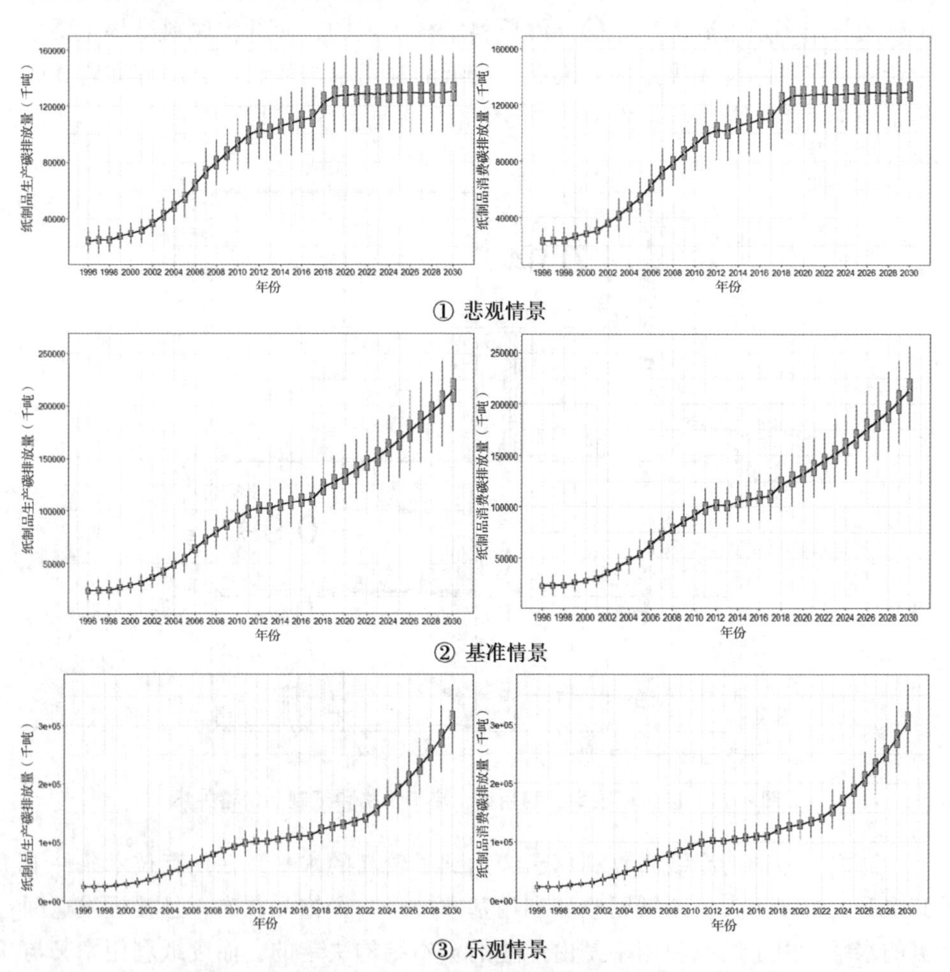

图 6.12 不考虑森林资源情况下纸制品生产和消费碳排放量

图 6.12 描述了在三种情景下不考虑森林资源的造纸产业碳排放总量。造纸产业的碳排量最终是由纸制品需求决定的，中国未来十年纸制品需求将继续保持增长趋势，所以造纸产业的碳排放总量继续增长。结果显示，在不考

虑森林资源的情况下，纸制品的生产的碳排放量在 2020—2030 年间增长率介于 1.293%~6.673%之间，2020 年纸制品生产碳排放总量为 128000~133000 千吨，到 2030 年将达到 130000~308000 千吨；纸制品消费碳排放总量的平均增速为 1.29%~6.669%，2020 年纸制品消费碳排放总量为 127000~132000 千吨，到 2030 年将达到 129000~306000 千吨。在该阶段生产纸制品的碳排放总量变化趋势总体平稳，纸制品生产的碳排放总量要略高于消费的碳排放总量。

COVID-19 对造纸产业生产和消费碳排放总量产生了较明显的影响。预测结果显示，2020 年三种情景的生产碳排放总量的变化率分别为：0.339%(悲观)、2.839%(基准)和 4.091%(乐观)，比 2019 年和 2021 年平均下降了 1.882 %(悲观)、1.113%(基准)和 0.339%(乐观)；消费的碳排放总量变化率在 2020 年分别为：0.034%(悲观)、2.85%(基准)和 4.10%(乐观)；比 2019 年和 2021 年平均下降了 1.896%、1.123%和 0.348%。因此，COVID-19 在短期内减缓了纸制品需求的增长，并最终在不考虑森林碳汇的情况下降低了碳排放量。

图 6.13 描述了在三种情景下考虑森林资源的造纸产业碳排放总量。结果显示，在考虑森林资源的情况下，纸制品生产的碳排放量在 2020—2030 年间增长率介于4.365%~6.731%之间，2020 年纸制品生产碳排放总量为 253000~258000 千吨，到 2030 年将达到 391000~571000 千吨；纸制品消费碳排放总量的平均增速为 4.366 %~6.730 %，2020 年纸制品消费碳排放总量为 252000~257000 千吨，到 2030 年将达到 390000~569000 千吨。COVID-19 对造纸产业生产和消费碳排放总量产生了较明显的影响。预测结果显示，2020 年三种情景的生产碳排放总量的变化率分别为：0.339%(悲观)、2.839%(基准)和 4.091%(乐观)，比 2019 年和 2021 年平均下降了 0.903 %(悲观)、0.181 %(基准)和 0.178%(乐观)；消费的碳排放总量变化率在 2020 年分别为：2.347 %(悲观)、3.533 %(基准)和 4.51%(乐观)；比 2019 年和 2021 年平均下降了 0.908%、0.172%和 0.168%。

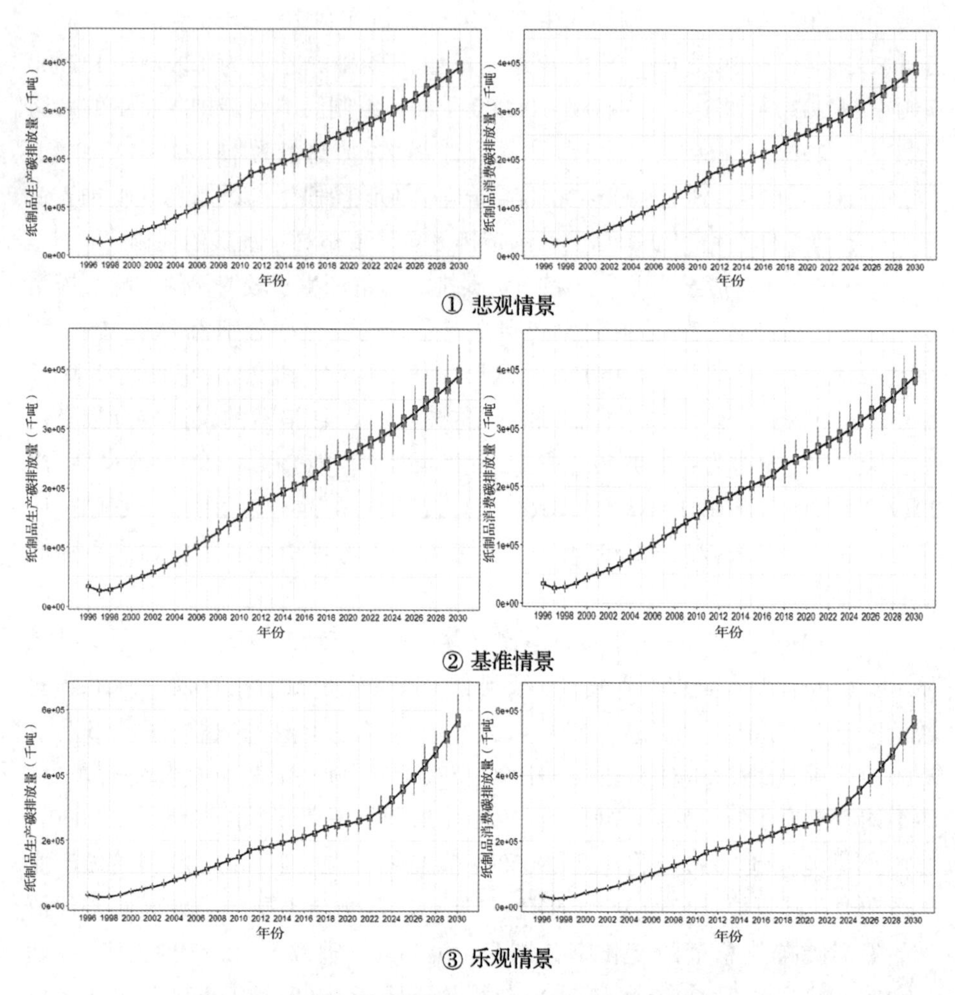

图 6.13　考虑森林资源情况下纸制品生产和消费碳排放量

图 6.14、5.15 和 5.16 描述了在三种情景与考虑和不考虑森林碳汇两种情况下的生产和消费单位纸制品的碳排放量。从整体变化趋势看，生产和消费单位纸制品的碳排放量呈现出缓慢下降的趋势。结果显示，在不考虑森林资源的情况下，单位纸制品的生产的碳排放量在 2020—2030 年间增长率在 -0.061%～-0.045%，2020 年单位纸制品生产碳排放总量为 0.9961～1.0006 吨，到 2030 年将约为 1.001～1.0037 吨；单位纸制品消费碳排放总量的平均

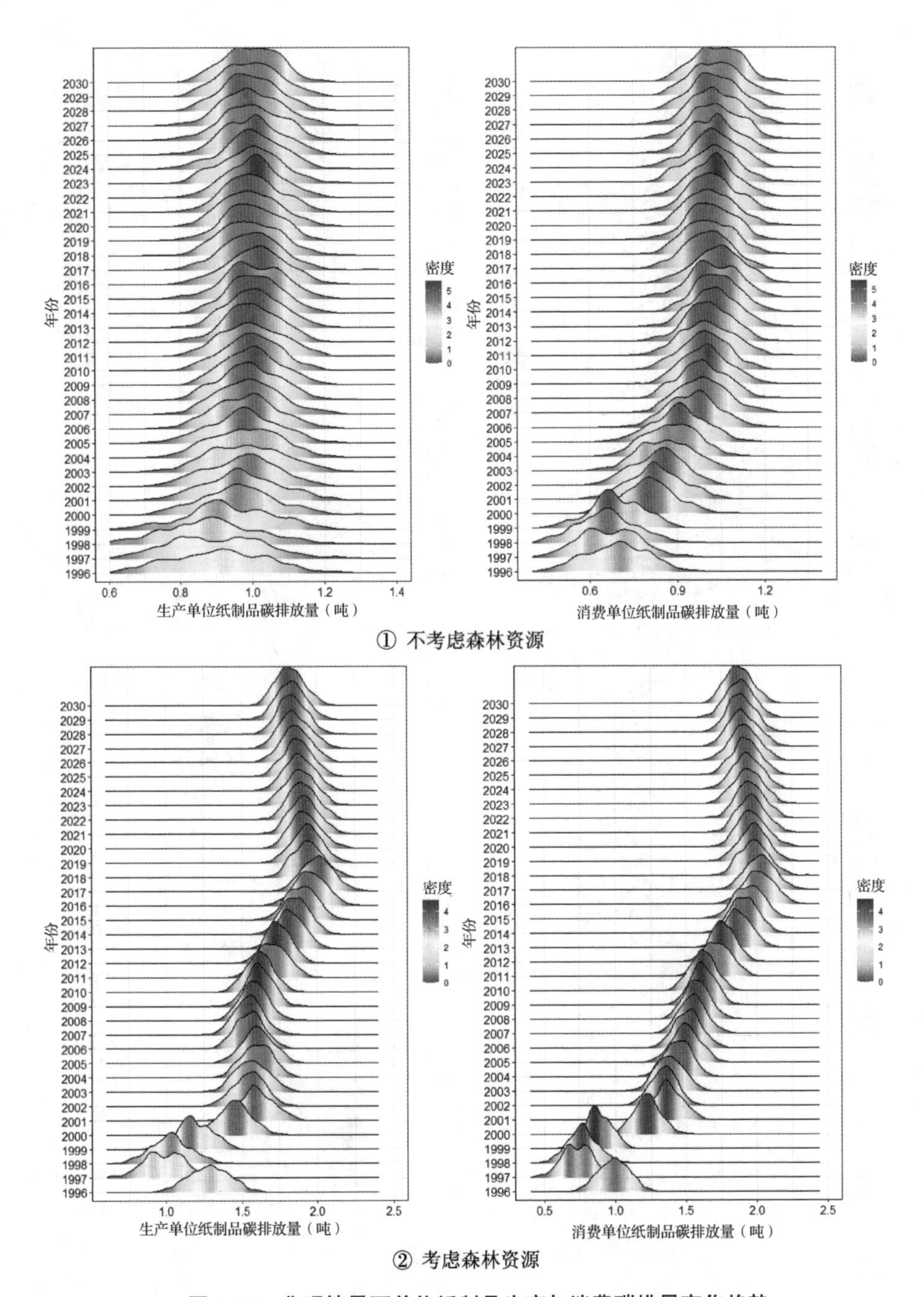

① 不考虑森林资源

② 考虑森林资源

图 6.14　悲观情景下单位纸制品生产与消费碳排量变化趋势

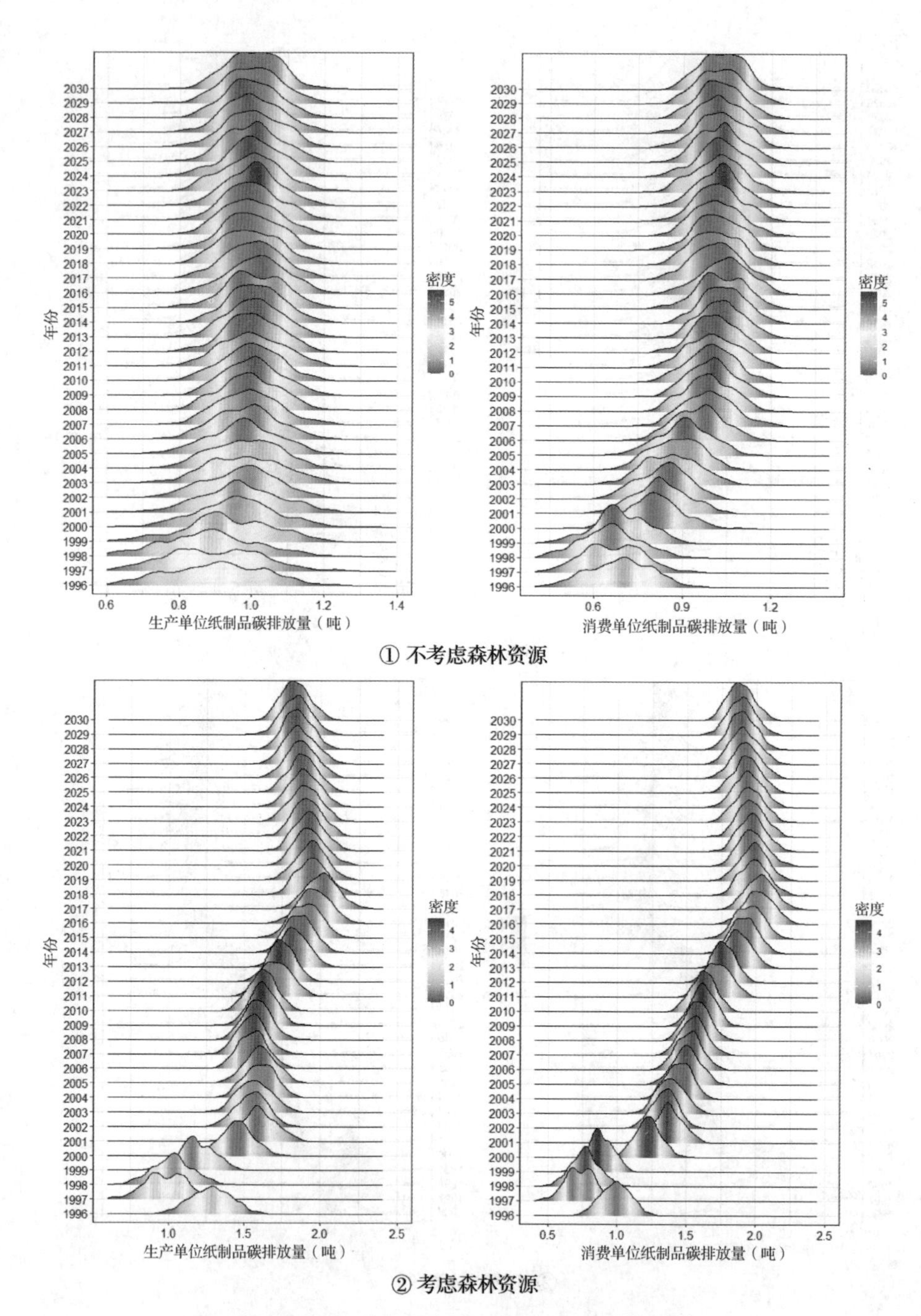

图 6.15 基准情景下单位纸制品生产与消费碳排量变化趋势

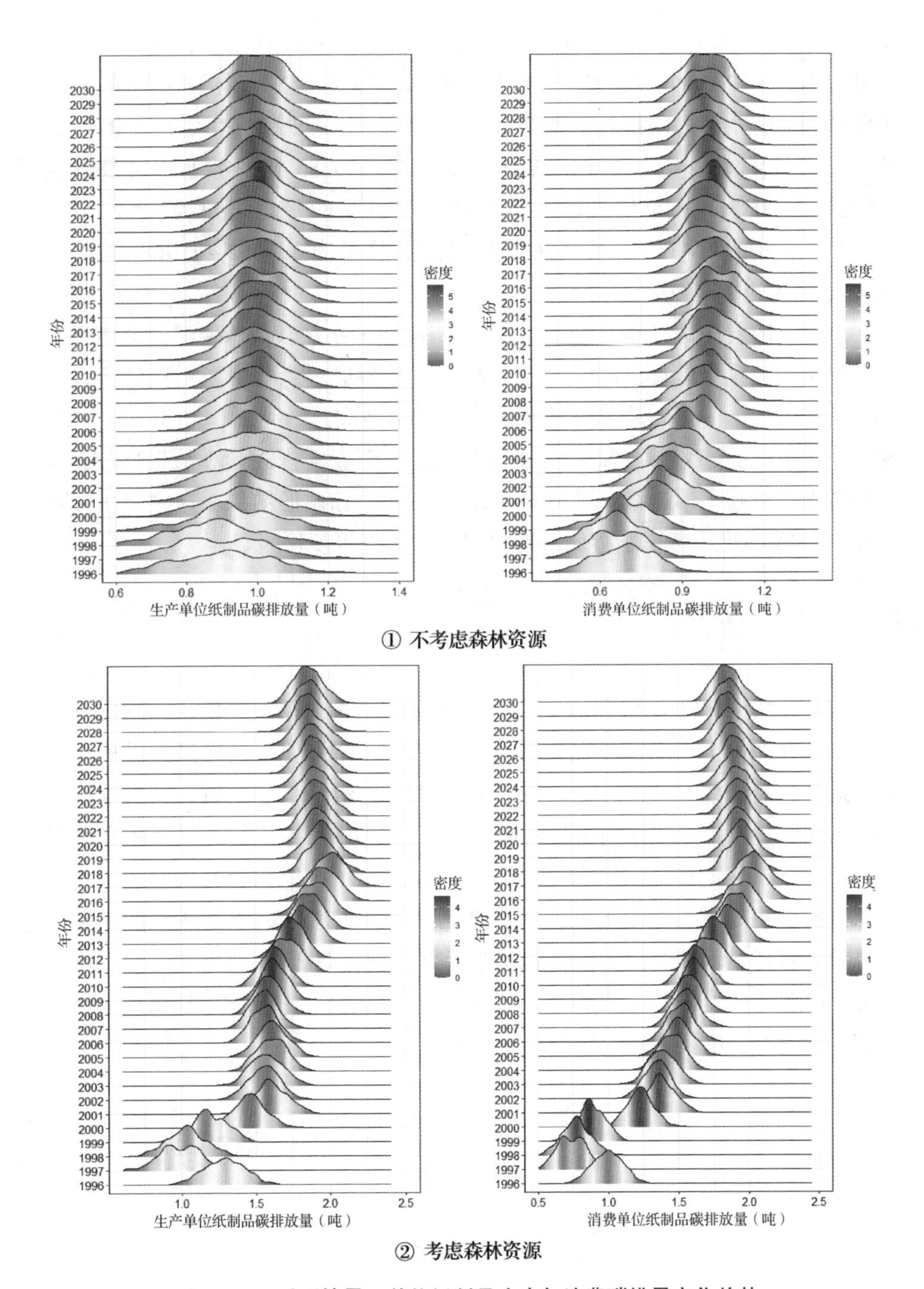

图 6.16 乐观情景下单位纸制品生产与消费碳排量变化趋势

增速为-0.273 %~0.03 %，2020 年单位纸制品消费碳排放总量为 0.9979~1.0177 吨，到 2030 年将达到 0.9927~1.0278 吨。在考虑森林资源的情况下，单位纸制品的生产的碳排放量在 2020—2030 年间增长率在-0.1~-0.099 %，2020 年单位纸制品生产碳排放总量为 1.9261~1.9283 吨，到 2030 年将约为 1.8289~1.0037 吨；单位纸制品消费碳排放总量的平均增速为-0.212%~-0.111%，2020 年单位制纸制品消费碳排放总量为 1.9382~1.9687 吨，到 2030 年将达到 1.8780~1.9454 吨。

总之，随着中国纸制品的需求增长，不管是否考虑森林碳汇，纸制品生产和消费的碳排量呈现出缓慢上涨的趋势，且考虑了森林资源后造纸产业碳排放量约增加了一倍。从单位纸制品生产和消费碳排放量看，2020 年后均出现了小幅下降的趋势。与陈诚(2016)计算造纸产业碳排放计算结果比较，本研究考虑森林碳汇的造纸产业碳排放量要略低于陈诚的结果，这主要由于本研究在 LCA 模型中考虑了存储、能源回收、焚烧等多种因素。

6.4 小 结

本章介绍了 GFPM 和 LCA 组合模型的基本结构以及主要模块的功能和实现方式，并评价了模型对历史数据的还原能力，结果显示该模型较准确地还原了造纸产业的生产过程中，纤维原料的产量、贸易量和消费，具备准确预测废纸回收量以及纸制品消费量的能力。研究利用仿真模型和 LCA 模型预测了 2020—2030 年中国造纸产业碳排放量，并分析了废纸回收利用对造纸产业碳减排的影响。研究结果表明，随着纸制品需求的增加，中国造纸产业碳排放总量还将持续增长，但单位纸制品的碳排放量在 2020 年后出现逐渐下降的趋势。COVID-19 在短期内降低了纸制品需求的增速，并减少了造纸产业碳排放量，随着经济的复苏疫情影响的效果有限。

7

废纸回收利用与造纸产业碳减排效用的实证分析

本章在第五章模拟结果的基础上利用计量经济学模型测算废纸回收和利用对造纸产业碳减排的效果。研究采用了基于状态空间的时变参数模型和NARDL模型分析废纸回收和利用的碳减排效果。研究首先对数据进行了描述统计分析并检验其稳定性；然后，从废纸回收率和利用率对单位碳排放影响的变化趋势的角度分析了废纸回收和利用对碳减排的影响；最后，从非对称的视角分析了废纸回收率和利用率不同方向的变化对碳减排的综合效果及其乘数效应。

7.1 研究的假设与数据处理

7.1.1 废纸回收率与利用率的碳减排效果假设

研究利用GFPM模型分别预测了不考虑森林资源情况下单位纸制品生产的碳排放量(CONPA)和单位纸制品消费的碳排放量(CONCA)，考虑森林资源情况下单位纸制品生产的碳排放量(COSPA)和单位纸制品消费的碳排放量(COSCA)(图7.1)，本章将利用1996—2030年历史和预测的数据作为衡量造纸产业碳排放的标准。废纸回收和利用的影响是一个系统、非线性的过程，涉及到从森林资源到纸制品消费处理的全过程，所以对碳排放的影响是多维度的，包括：①废纸的回收和利用减少了对森林资源的破坏，减少了对森林碳汇的损耗。②废纸的回收和利用增加了其在造纸纤维原料中的比例，增加了能源消耗。在制浆过程中，废纸的能源消耗要低于化学木浆；但化学木浆的生产衍生物(黑液)具备较高的回收利用价值，基本能抵消制浆过程中的能源消耗，使化学木浆最终的能源消耗远低于废纸。因此废纸使用比例的上升会导致能源消耗量和碳排放量的增加。③废纸的回收减少了填埋和焚烧产生的碳排放量。因此，研究把造纸产业碳排放的衡量标准分为是否考虑森林资源和生产、消费的不同过程，可更好地衡量废纸回收和利用的不同环节对碳减排的影响效果。

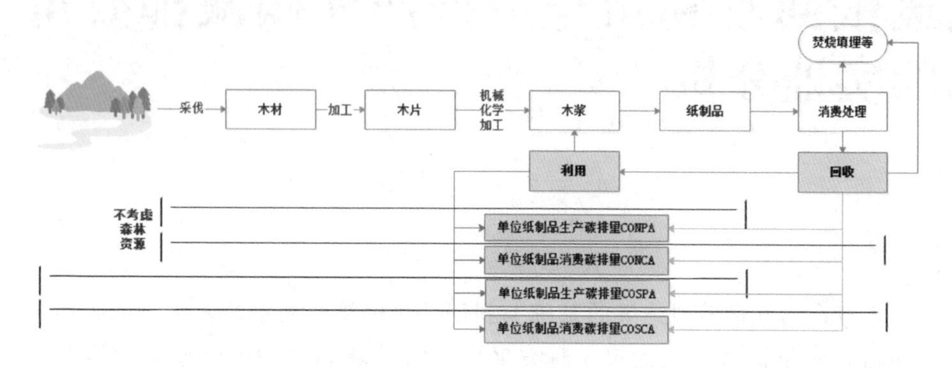

图 4.1　废纸回收利用与造纸产业碳排放关系图

注：图中绿色线表示回收对减少碳排的影响，红色线表示。

(1)废纸利用率与单位纸制品生产碳排放关系的假设。①在不考虑森林资源的情况下，废纸利用率将增加单位纸制品生产的碳排放量。由于废纸在制浆过程中的综合能耗要高于化学木浆，增加废纸利用率会增加生产过程中的碳排放量。②在考虑森林资源的情况下，废纸利用率对单位纸制品生产碳排放量的影响并不确定。一方面废纸回收率增加了生产过程的碳排放量，另一方面通过减少对森林资源的采伐减少了碳排放。废纸利用率对单位纸制品生产碳排放量的影响由正负两种效应的效果决定，所以两者之间的关系是不确定的。

(2)废纸利用率与单位纸制品消费碳排放关系的假设。①在不考虑森林资源的情况下，废纸利用率与单位纸制品消费碳排放量的关系并不确定。一方面废纸利用率的上升将会增加生产中的碳排放量，另一方面利用率的上升将推动回收率上升，间接减少了消费处理过程中的碳排放量。因此，很难确定哪种效应更强，所以不能确定两者之间的关系。②在考虑森林资源的情况下，废纸利用率与单位纸制品消费碳排放的关系可能是负的。由于废纸利用率一方面减少了对森林资源的破坏，另一方提升了废纸回收率，即间接减少了消费处理过程中的碳排放量，两个效应的总和应能抵消生产过程中的碳排放增加量，所以两者的关系是负相关的。

(3)废纸回收率与单位纸制品生产碳排放关系的假设。①在不考虑森林资源的情况下，废纸回收率与生产过程中碳排放量的关系不确定。废纸回收率只涉及废纸消费过程中的回收和处理过程，所以对生产过程中的碳减排影响是不显著的。②在考虑森林资源的情况下，废纸回收率与单位纸制品生产碳排放的关系可能为负。废纸回收率对生产过程的影响程度较低，废纸回收率的上升为造纸产业提供了更多廉价的废纸作为原料，对森林资源产生了替代效应；但替代效应的大小由造纸产业的原料结构决定，所以两者之间的关系为负的可能性较大。

(4)废纸回收率与单位纸制品消费碳排放关系的假设。不管是否考虑森林资源，废纸回收都能减少单位纸制品消费中的碳排放量，实现碳减排的目的。只是考虑森林资源后碳减排的效果要大于不考虑森林资源的效果，两者存在明确的负相关关系。

研究利用时变参数模型和 NARDL 模型分析废纸回收率和利用率对碳减排的时变效应和乘数效应，从两个方面检验以上八个假设(表 7.1)，判断废纸回收与利用是否存在碳减排效应。时变参数模型可以有助于更好地判断废纸回收与利用碳减排效应的变化趋势，该模型考虑了废纸回收和利用碳减排效应随时间变化的趋势；而 NARDL 模型考虑了废纸回收与利用的非对称效应，有助于判断回收和利用率是否处于合理的状态，以及用乘数效应的方法判断废纸回收与利用率的变化引发的总效应、确定了其作用的强度，为政策的制定提供依据。

表 7.1　废纸回收与利用率碳减排效果假设

情况	变量	关系假设	强度
不考虑森林资源	假设 1：废纸利用率→单位生产碳排放量	正相关	+ +
	假设 2：废纸利用率→单位消费碳排放量	不确定	+/-
	假设 3：废纸回收率→单位生产碳排放量	不确定	+/-
	假设 4：废纸回收率→单位消费碳排放量	负相关	-
考虑森林资源	假设 5：废纸利用率→单位生产碳排放量	不确定	+/-
	假设 6：废纸利用率→单位消费碳排放量	负相关	-
	假设 7：废纸回收率→单位生产碳排放量	负相关	-
	假设 8：废纸回收率→单位消费碳排放量	负相关	- -

注：+或-的数量表示强度。

7.1.2　数据处理

研究使用第五章废纸回收率、利用率和碳排放蒙特卡洛模拟的均值作为实证分析的数据来源。首先对数据进行了描述统计分析，描述统计结果见表

7.2。表中 WUR 为废纸利用率，WRR 为废纸回收率。描述统计结果表明在过去的35年间单位纸制品生产中碳排放量的最大值和最小值差距不大，而纸制品消费中碳排放量的两极差值较大，说明中国废纸回收的能力显著提升；废纸的回收率和利用率也提升了约两倍。从分布看，六个变量均出现了左偏的现象，且拒绝了原假设，不服从正态分布。

表 7.2 变量描述统计分析结果

统计量	CONPA	CONCA	COSPA	COSCA	WUR	WRR
均值	0.9850	0.9480	1.6953	1.6545	0.6096	0.6015
中位数	0.9981	1.0100	1.8226	1.8640	0.6752	0.6880
最大值	1.0149	1.0431	2.0074	2.0264	0.7077	0.7288
最小值	0.8813	0.6548	0.9837	0.7320	0.3118	0.2384
标准差	0.0329	0.1190	0.2613	0.3733	0.1227	0.1592
偏度	-2.0634	-1.4337	-1.2137	-1.1291	-1.3261	-1.2216
峰度	6.2949	3.6830	3.8825	3.2757	3.3208	2.9651
Jarque-Bera 检验	40.6678***	12.6703***	9.7287**	7.5477*	10.4082**	8.7073**

注：*：10%水平显著，**：5%水平显著，***：1%水平显著。

研究对六个变量的数据 DGP 过程进行了识别以判断单位根检验的截距，并通过 DGP 识别过程检验说明六个变量是存在趋势项的。利用 R 计算了 ADF 单位根检验(表 7.3)，ADF 单位根检验的结果说明，六个变量水平均是不平稳的，但一阶差分后均实现了无截距平稳。因此在时变参数模型回归时研究使用变化率进行回归计算。ADF 单位根检验结果还说明，变量的形式符合 NARDL 模型的要求，可以使用 NARDL 模型展开运算。

表 7.3 变量 ADF 单位根检验结果

	检验形式	CONPA	CONCA	COSPA	COSCA	WUR	WRR
水平	None	1.4169	-0.1326	1.2624	0.9836	1.5106	0.1746
	Const	<u>-2.7672*</u>	<u>-2.6330*</u>	<u>-2.5841</u>	<u>-3.8701***</u>	<u>-2.5894</u>	<u>-2.7086*</u>
	Const and Trend	-2.0051	-1.1061	-0.3102	-0.7782	-4.7900***	-7.4822***
一阶差分	None	<u>-4.4231***</u>	<u>-3.0093***</u>	<u>-3.9608***</u>	<u>-3.6197***</u>	<u>-2.6725***</u>	<u>-4.4211***</u>
	Const	-4.6584***	-2.3521	-6.3796***	-3.9100***	-2.6909*	-4.2965***
	Const and Trend	-5.2060***	-0.6341	-3.5636*	-7.2829***	-0.6943	-2.284

注：下划线表示正确的数据生成过程的 ADF 检验；*：10%水平显著，**：5%水平显著，***：1%水平显著。

7.2 基于时变参数模型的碳减排效果变化趋势分析

本节将从废纸回收率和利用率对碳排放影响的时变参数的视角分析废纸回收与利用对造纸产业碳减排影响的变化趋势。研究先利用 R 计算了基于最小二乘法废纸回收与利用率对碳减排的影响，然后利用 rvReg 得出了时变参数模型下碳减排效应的变化趋势。

7.2.1 模型回归结果

表 7.4 给出了使用最小二乘法计算的废纸回收率和利用率对造纸产业碳排放的影响。研究结果显示，废纸利用率可以减少消费过程中的碳排放，且考虑森林资源的效果(-1.5824)要大于不考虑森林资源的效果(-0.8358)，验证了假设 6；在不考虑森林资源的情况下废纸利用率的提高也具有消费过程中的减排效应，验证了假设 2。此外，废纸利用率不管是否考虑森林资源，对单位纸制品生产的碳排放效应均是不显著的，与假设 1 和 5 基本一致。

表 7.4 时变参数模型回归结果

变量	CONPA		CONCA		COSPA		COSCA	
	OLS	TV	OLS	TV	OLS	TV	OLS	TV
C	-0.0011	-0.00114	-0.0014	-0.0011	-0.0101	0.0162***	-0.0107	0.0180***
	(0.0012)	(0.00111)	(0.0012)	(0.0028)	(0.011)	(0.0074)	(0.011)	(0.0047)
WUR	0.139*	-0.0949	-0.8358**	-0.9144**	-0.4364	-2.2088**	-1.5824***	-1.6708**
	(0.0658)	(0.08268)	(0.0791)	(0.13442)	(0.3959)	(0.97351)	(0.4372)	(0.7091)
WRR	0.0414	-0.06942	-1.0409***	-1.0929***	-1.0537*	-0.7734	-2.211***	-1.8089**
	(0.0665)	(0.06942)	(0.0707)	(0.1427)	(0.4647)	(0.9299)	(0.5118)	(0.6256)
R^2	0.6769	0.58879	0.9494	0.8745	0.5504	0.4321	0.7188	0.6176

注：OL：最小二乘法回归结果，TV：时变参数模型回归结果；*：10%水平显著，**：5%水平显著，***：1%水平显著；括号中为 HAC 稳健标准差。

废纸回收率不管是否考虑森林资源，对生产过程中的碳排放影响与假设 3 和 7 预期一致，但显著程度较低；然而其对单位纸制品消费碳排放量的影响均为负值，且考虑森林资源的强度要大于不考虑森林资源的强度，所以该结果与假设 4 和 8 一致。总之，研究利用最小二乘法计算的废纸回收率和利用率对碳排放的影响与预期一致，废纸回收率和利用率对消费的碳减排效果较为明显，而对生产的碳减排效果并不明显。最小二乘法计算的结果只反映了废纸回收率和利用率碳减排效果的均值，该结果不能反映废纸回收和利用碳减排效应的时变特征。

研究利用基于状态空间的时变参数模型分析废纸回收率和利用率对碳减排的影响，模型回归结果见表 7.4 中时变参数模型回归结果。该结果是 1996—2030 年时变参数模型的回归结果系数、标准差和 R^2 的均值。表格可见，时变参数模型的回归结果均值在符号和数值大小上差异不大，只是显著性水平略低于最小二乘法的结果。故使用该方法计算的结果也支持假设 1~8。

实证分析的结果表明，废纸回收率对单位纸制品消费的碳排放有着显著的减排效果；但对单位纸制品生产碳排放的减排效果不显著。废纸利用率在不考虑森林资源的情况下会增加碳排放量，考虑了森林资源会减少碳排放量，但减排效果不显著。总之，废纸回收率的碳减排效应较为明显，废纸利用率的碳减排效应没有得到明显支持。

7.2.2 废纸回收与利用率碳减排效果的变化趋势分析

研究利用时变参数模型计算了从 1997—2030 年间，废纸回收率和利用率对单位纸制品碳排放影响的时变系数(图 7.2)，可得废纸利用率除了在不考虑森林资源的情况下对单位纸制品生产碳排放系数为正，其他系数均为负值。为了便于比较，研究对所有时变系数取绝对值。从图中可以发现，废纸利用率在不考虑森林资源情况下对单位纸制品生产和消费的碳排放量影响的系数变化程度较小，该结果也与表 7.4 的回归结果基本一致；废纸利用率对考虑森林资源的碳减排效果呈现出下降的趋势。废纸回收率碳减排的效果与利用率一致，其碳减排效果也呈现出下降的趋势。因此，最小二乘法对不考虑森林资源生产和消费的碳减排效果估计较为可靠；而考虑森林资源的碳减排效果的估计并不稳健，存在高估或低估碳减排效果的问题。

基于时变参数的废纸回收和利用率碳减排效果的分析结果表明，废纸回收率和利用率在考虑森林资源的情况下碳减排效果最为明显，但碳减排的边际效果呈现出逐渐减弱的趋势。在不考虑森林资源的情况下，废纸利用率的碳减排效果较小，且变化趋势较为平稳；废纸回收率的碳减排效果呈现出平缓下降的趋势。研究利用时变参数模型分析了废纸回收与利用的碳减排效果，该实证分析结果从废纸回收与利用对碳排量影响的动态趋势的角度判断了减排效果。然而，由于废纸回收与利用率的变化可能存在非对称效应，在现阶段尚无法用总效应测算出废纸回收和利用的综合碳减排效果大小，根据模型

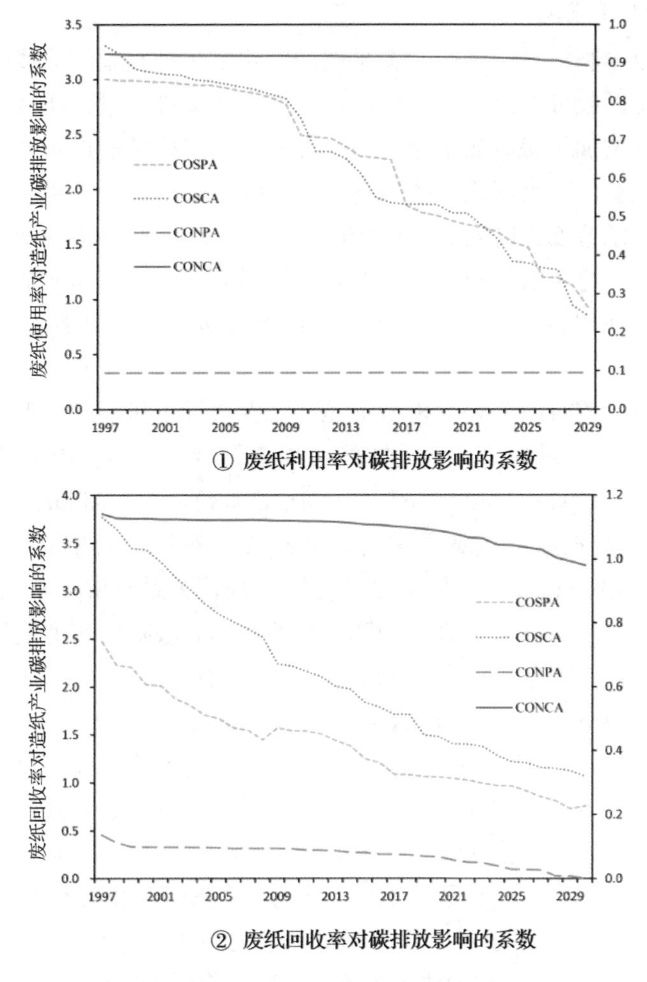

① 废纸利用率对碳排放影响的系数

② 废纸回收率对碳排放影响的系数

图 7.2 废纸回收和利用对碳排放影响的系数变化趋势

结果来看，其综合效应应为正。

7.3 基于 NARDL 模型的废纸回收利用与碳排放的动态关系分析

基于时变参数模型的不足，本节将利用 NARDL 模型检验废纸回收与利用率的变化是否对称，判断各自碳减排效果的大小。本节包括三个部分：第一部分介绍了 NARDL 模型及对本研究的适用性，第二部分解释了模型的回归结果，第三部分利用模型计算了碳减排的乘数效应。

7.3.1　NARDL 模型

废纸回收与利用对造纸产业碳排放的影响是一种复杂的非线性关系。一方面，废纸的回收可以减少因填埋和焚烧产生的碳排放量，还减少了对森林资源的破坏，增加了森林碳汇量；另一方面，随着技术的进步，化学木浆在生产过程中能源的回收利用率越来越高，导致在造纸流程中化学木浆的能源消耗要低于废纸造纸，这导致大量使用废纸作为纤维原料将会增加生产过程中的碳排放量。综合以上观点，废纸回收利用会产生减少和增加碳排放两个方面的效应，所以废纸回收与利用与造纸产业碳排放之间存在着非线性的关系。

现有多数有关时间序列的模型都是在线性假设下进行的。但是，许多经济变量具有非线性属性，尤其是在经济周期领域（Neftci，1986；Katrakilidis and Trachanas，2012；Lardic and Mignon，2008）。Katrakilidis 和 Trachanas（2012）证明了宏观经济变量和房价之间存在不对称的长期影响。Zhang 等（2015）发现，原油和成品油价格之间存在非线性关系。Greenwood-Nimmo 等（2013）发现，在美国从政策控制利率到长期利率和收益的传递过程中，存在时变的不对称性。现有非平稳和非线性模型主要有三类：threshold ECM（Balke and Fomby，1997）、Markov-switching ECM（Psaradakis et al.，2004）和 smooth transition regression ECM（Kapetanios et al.，2006）。这些研究多以非平稳变量的对称线性组合方式表达变量的协整关系，但是这可能会导致误导性回归结果，因为长期关系可能会受到非对称或非线性的影响（Shin et al.，2014）。

为解决上述问题，已有研究开发了替代方法来研究非线性协整：Schorderet（2001）提出了一种基于对时间序列分解的协整检验模型；Granger 和 Yoon（2002）进一步引入了“隐藏的协整关系”概念，其中协整关系被定义为对变量正负影响的分解；Schorderet（2003）开发了一种只包含各个变量正负分解项的非对称协整回归，来分析隐藏的协整关系，但这些方法主要适用于长期不对称分析；Shin 等（2014）基于分布自回归模型（ARDL）利用自变量的正负分解项构造了非线性自回归模型（NARDL）进行协整检验，该方法的优势在于它能够同时对变量之间的长期和短期不对称性进行估计，模型具体构成如下：

分布自回归模型（ARDL）：

$$\Phi(L)y_t = \alpha_0 + \alpha_1 z_t + \beta(L)x_{it} + u_t \tag{7-1}$$

其中，$\Phi(L)=1-\sum_{i=1}^{\infty}\Phi_i L^i$ 和 $\beta(L)=1-\sum_{j=1}^{\infty}\beta_i L^i$，$z_t$ 是模型中的外生变量，如截距、季节性虚拟变量、其他影响因素等。非线性的分布自回归模型

(NARDL)是在传统的 ARDL 模型基础上，引入自变量的非线性分解构建 ARDL 模型(公式 7-2)。

$$y_t = \beta^+ x_t^+ + \beta^- x_t^- + u_t \tag{7-2}$$

该模型要求 y_t 和 x_t 都是一阶单整的 I(1)，系数 β^+ 和 β^- 表示自变量对因变量影响的正向和负向长期效应。x_t 是一个 k　1 的自变量向量，自变量被分解为：

$x_t = x_0 + x_t^+ + x_t^-$，而 x_t^+ 和 x_t^- 分别为 x_t 的正向和负向变化的累积和(公式 7-3)。

$$x_t^+ = \sum_{i=1}^{t} \Delta x_i^+ = \sum_{i=1}^{t} \max(\Delta x_i,\ 0)\ ,\ x_t^- = \sum_{i=1}^{t} \Delta x_i^- = \sum_{i=1}^{t} \min(\Delta x_i,\ 0) \tag{7-3}$$

根据公式 7-2 和 7-3，ARDL(p，q)模型就转变为 ARDL 模型：

$$y_t = \sum_{i=1}^{p} \varphi_i y_{t-i} + \sum_{j=0}^{q} (\theta_i^+ x_{t-i}^+ + \theta_i^- x_{t-i}^-) + \varepsilon_t \tag{7-4}$$

基于 Pesaran et al. (2001)的研究，NARDL 模型可以表示为：

$$\Delta y_t = \rho y_{t-1} + \theta^+ x_{t-1}^+ + \theta^- x_{t-1}^- + \sum_{i=1}^{p} \zeta_i y_{t-i} + \sum_{i=0}^{q} (\eta_i^+ x_{t-i}^+ + \eta_i^- x_{t-i}^-) + \varepsilon_t \tag{7-5}$$

其中，$\theta^+ = -\rho\beta^+$ 和 $\theta^- = -\rho\beta^-$ 为正向和负向长期非对称效应，π^+ 和 π^- 为正向和负向短期非对称效应。经过变换后，公式 7-6 是一个参数线性模型，可以采用最小二乘法对公式 7-5 估计就可以得到有效的结果。对于变量长期关系的检验，可采用 Wald 检验完成。该检验的原假设为：H_0：$\rho = \theta^+ = \theta^- = 0$。如果没有拒绝该原假设，就说明存在长期关系，然后再对非对称关系进行检验。研究假设：$\theta = \theta^+ = \theta^-$ 长期影响是对称的，利用 Wald 检验对该系数联合检验的显著性水平进行判断，即可获得对称性检验结果。短期关系检验假设为：$\sum_{i=0}^{q} \eta_i^+ = \sum_{i=0}^{q} \eta_i^- \sum_{i=0}^{q} \eta_i^+ = \sum_{i=0}^{q} \eta_i^-$，也可以用 Wald 检验完成。

如果利用上述检验证明了模型存在非对称关系，那么利用公式 7-5 即可以计算出累积非对称乘数，该乘数能反映自变量变化对因变量非对称影响的总效应(公式 7-6)。其中，$h \to \infty$，$m_h^+ \to \beta^+$ 和 $m_h^- \to \beta^-$；$\beta^+ = -\theta^+/\rho$ 和 $\beta^- = -\theta^-/\rho$ 为非对称长期系数。研究将利用单位脉冲效应的方式计算该乘数，以判断自变量变化对因变量的正向、负向和总效应。

$$m^{+}=\sum_{j=0}^{h}\frac{\partial\ y_{t+j}}{\partial\ x_{t}^{+}}=\sum_{j=0}^{h}\lambda_{t}^{+}\ ,\ m^{-}=\sum_{j=0}^{h}\frac{\partial\ y_{t+j}}{\partial\ x_{t}^{-}}=\sum_{j=0}^{h}\lambda_{t}^{-}\ ,\ \mathrm{h}=0,\ 1,\ 2\cdots \tag{7-6}$$

NARDL 模型比已有研究更好地判断变量之间的非线性对称关系，尤其能反映废纸回收率和利用率正向和负向变化对单位纸制品碳排放的影响。如果正向影响的效果大于负向效果，那么说明增加废纸回收和利用率可以减少造纸产业的碳排放量；反之，则增加碳排放量。本研究利用基准情景下的废纸回收率均值(WRR)、废纸利用率均值(WUR)对不考虑森林资源下单位纸制品生产碳排放量(CONPA)和消费碳排放量(CONCA)、考虑森林资源下单位纸制品生产碳排放量(COSPA)和消费碳排放量(CONCA)四个变量的动态影响。

7.3.2 模型计算结果及检验

研究首先利用 BIC 选择模型中合适的滞后阶数，然后再估计模型。模型的估计结果见表 7.5。模型的总体回归结果不存在序列相关和异方差(见表 7.5 中的 *LM* 检验和 *White* 检验)，四个模型的 R^2 均大于 0.9，模型拟合的效果较好。根据研究的假设，废纸利用率和回收率的正向变化对碳排放的影响是负向的，即利用率和回收率的正向变化会降低排放；反之，则会增加碳排放。四个模型回归结果显示，利用率和回收率正向变化的系数基本都是负值，模型 3 中废纸利用率和利用率的一阶滞后系数为正且不显著。废纸回收率和利用率对造纸产业碳排放的负向影响的系数符号较为不一致，在模型中利用率和回收率的负向变化的原始数据是负的，所以负向影响的系数应该为正。回归结果中出现了部分负的系数，如模型 1 和 2 的利用率的水平短期效应，四个模型中回收率滞后 1 和 2 阶的系数。产生这种情况的主要原因是，废纸回收利用存在正负两方面的效应，正向效应是回收利用导致碳排量的减少，负向效应是回收利用导致碳排放量的增加。由于废纸回收利用在造纸产业流程中形成了复杂、非线性的物质循环关系，导致废纸利用率和回收率的上升或下降有着不同的效果，所以模型中部分系数的符号与假设不符，或出现了正负交替出现的情况。

研究还对模型进行了是否存在协整关系、是否存在长短期非对称效应的检验。检验结果说明，四个模型的协整检验(见表 7.5 协整检验部分)均在 1%的显著水平拒绝了假设，说明废纸利用率、废纸回收率与造纸产业碳排放量(不考虑森林资源下的单位纸制品生产与消费碳排放量和考虑森林资源下的单位纸制品生产与消费碳排放量)存在长期稳定的协整关系。废纸利用率和回收率的正向和负向长期效应检验结果说明：废纸回收利用能力的提升在长期能减少造纸产业的单位碳排放量；废纸利用能力的下降将增加单位纸制品生产的碳排放量；而降低单位纸制品消费碳排放量；废纸回收能力下降将增加单位纸制品生产和消费的碳排放量。长期效应的非对称性检验（$Wald_{LR}$）结果说明，长期废纸回收利用正向效应和负向效应对单位纸制品消费的碳排放的影响是非对称的，且正向效应大于负向效应；对单位纸制品生产的碳排放量的影响基本不显著，说明正向效应和负向效应的基本相等。废纸回收利用的短期正向和负向效应对不考虑森林资源下单位纸制品消费的碳排放的影响是非对称的，其他三个模型均为对称的。该结果说明，废纸回收利用在纸制品的整个生命周期过程中具有长期的碳减排效应，但短期碳减排效应只出现在不考虑森林资源的情况下单位纸制品消费过程中；而废纸回收利用对单位纸制品生产的碳减排效应只有在考虑森林资源的碳汇量时才在10%的水平下显著。

表 7.5 NARDL 模型回归结果

变量	模型 1	模型 2	模型 3	模型 4
	D(LCONPA)	D(LCONCA)	D(LCONPA)	D(LCOSCA)
C	-0.057 (0.017) **	-0.327 (0.041) **		0.551 (0.098) **
$DWUR^+$	-0.318 (0.131) *	-0.748 (0.079) **	-0.799 (0.476)	-1.834 (0.468) **
$DWUR^+(-1)$	-0.435 (0.141) **	-0.399 (0.063) **	0.889 (0.522)	-1.049 (0.579)
$DWUR^+(-2)$	-0.225 (0.056) **	-0.289 (0.035) **		
$DWUR^-$	-1.007 (0.276) **	-2.531 (0.270) **	-0.371 (2.468)	-1.674 (2.284)
$DWUR^-(-1)$	0.681 (0.180) **	0.882 (0.181) **	6.357 (2.181) **	6.41 (2.192) *
$DWUR^-(-2)$	0.529 (0.482)		1.449 (1.537)	
$DWRR^+$	-0.15 (0.098)	-0.95 (0.067) **	0.026 (0.397)	-1.069 (0.415) *
$DWRR^+(-1)$	-0.27 (0.079) **	-0.227 (0.058) **	-1.283 (0.572) **	-1.433 (0.638) *
$DWRR^+(-2)$	-0.117 (0.024) **	-0.15 (0.024) **	-0.493 (0.170) ***	-0.49 (0.180) *
$DWRR^+(-3)$		0.071(0.027) *	-0.592 (0.144) ***	-0.61 (0.147) **
$DWRR^-$	0.879 (0.161) **	2.134 (0.176) **	-0.254 (1.314)	0.797 (1.313)
$DWRR^-(-1)$	-0.357 (0.201)	0.425 (0.122) **	-3.910 (1.417) **	-3.747(1.330) *
$DWRR^-(-2)$	-0.238 (0.289)		-1.032 (0.992)	-0.167(0.186)
$DWRR^-(-3)$			0.027 (0.147)	0.017 (0.122)
CONPAR(-1)	-0.04(0.119)			
CONCAR(-1)		0.013 (0.009)		

（续）

变量	模型 1	模型 2	模型 3	模型 4
	D(LCONPA)	D(LCONCA)	D(LCONPA)	D(LCOSCA)
COSPAR(-1)			0.091 (0.085)	
COSCAR(-1)				0.097 (0.086)
LCONPA(-1)	-0.795 (0.228)**			
LCONCA(-1)		-0.857 (0.150)**		
LCOSPA(-1)			-0.821 (0.190)***	
LCOSCA(-1)				-0.8 (0.177)**
$WUR^+(-1)$	-0.209 (0.22)	-0.981 (0.216)**	-4.713 (1.327)**	-5.654 (1.500)**
$WUR^-(-1)$	1.898 (0.311)**	-3.035 (0.219)**	7.082 (2.306)**	-7.319 (2.119)**
$WRR^+(-1)$	-0.194 (0.151)	-1.028 (0.151)	-3.109 (0.938)***	-4.017 (1.106)**
$WRR^-(-1)$	-1.535 (0.245)**	-2.566 (0.202)**	-5.028 (1.582)**	-5.404 (1.460)**
R^2	0.980	0.998	0.972	0.986
LM 检验	2.932	0.742	1.335	3.379*
White 检验	0.608	0.639	1.886*	1.140
协整检验	11.991***	75.117***	28.609***	29.535***
LR^+	16.054***	16.733***	3.848**	4.154**
LR^-	21.619***	22.251***	2.921*	3.632**
$Wald_{LR}$	0.633	11.987***	2.589*	3.039**
$Wald_{SR}$	1.797	20.887***	0.957	0.644

注：“+”和“-”分别表示正向效应和负向效应；协整检验为原假设为 $\rho=\theta^+=\theta^-=0$ 的 F 检验；LR^+ 和 LR^-，即：使 $\hat{\beta}=-\theta/\rho$ 的协整检验；L^+ 和 L^- 分别为正向和负向长期效应检验；$Wald_{LR}$ 为 $L^+=L^-$ 长期非对称效应检验；$Wald_{SR}$ 为短期非对称效应检验；括号中为 HAC 稳健标准差；*：10%水平显著，**：5%水平显著，***：1%水平显著。

7.3.3 乘数效应估计

研究基于四个模型计算结果分别计算了废纸利用率（WUR）和废纸回收率（WRR）对造纸产业碳减排的乘数效应（图 7.3）。研究利用模拟的方法分析废纸利用率和回收率对碳减排的累计乘数效应，结果表明，废纸利用率和回收率的上升将减少造纸产业的单位碳排放量，即正向效应的乘数值为负；反之，废纸利用和回收率的下降将增加造纸产业的单位碳排放量，即负向效应的乘数值为正。同时，考虑森林资源的情况下，废纸对森林资源具有替代效应，可以减少造纸过程中森林碳汇量的增加，所以在此情况下废纸回收利用的碳减排乘数值越大。

乘数效应计算结果说明，废纸回收利用对造纸产业碳减排总效应均没有收敛于0。且在不考虑森林资源的情况下，废纸利用率(WUR)的正向效应的乘数值在开始为正，然后三个时期后变为负值，这说明废纸利用率在长期可以小幅度地减少碳排放量；废纸利用率的负向效应的乘数值始终为正，且远大于正向效应的乘数值。因此，废纸利用率对单位纸制品生产的碳排量的总乘数效应为正，即减少废纸利用率可以大幅降低生产过程中的碳排放量。废纸回收率(WRR)的正向效应对单位纸制品生产碳排放量的影响乘数开始为负，三期以后变为正值；而负向效应始终小于0，因此总效应为负。这说明减少废纸回收率可以降低造纸产业生产单位碳排放。导致这种情况产生的原因主要是由于废纸在造纸过程中能源消耗量与化学木浆相同，但能源回收量远低于化学木浆。废纸回收率的上升推动了废纸利用率的上升，废纸利用率的上升又引发了生产过程中能源消耗的上升，最终导致造纸产业碳排放量的增长。所以废纸利用和回收率的负向乘数效应大于正向，废纸回收利用有可能增加造纸产业生产过程中的碳排放量。

在不考虑森林资源的情况下，废纸利用率的正向效应的乘数值增加，对造纸产业碳减排的作用上升，但总效应仍然为正，说明即使考虑消费和处理过程，废纸利用率的上升仍然会增加造纸产业的碳排放量。但是废纸回收率对单位纸制品消费的碳排放量的正向效应为负，且绝对值大于负向效应，总效应为负，即废纸回收率的上升可以大幅降低造纸产业碳排放量。这主要因为在纸制品的消费和处理过程中废纸的回收可以大幅降低填埋和焚烧产生的碳排放量，进而降低了造纸产业碳排放。

在考虑森林资源的情况下，废纸利用率对单位纸制品生产的碳排放量的总效应仍然为正，只是数值有所降低。废纸利用率的正向效应变大，废纸作为纤维原料降低破坏森林资源产生的碳排放量，但负向效应仍大于正向效应。废纸回收率对单位纸制品生产的碳排放量的减少有着更大的负向乘数，所以废纸回收率的碳减排效应增加。废纸利用率和废纸回收率对单位纸制品消费的碳减排作用与生产的结果较为一致。废纸利用率对单位纸制品消费的碳排放量的总效应仍然为正，增加废纸利用率将增加碳排放量；而废纸回收率对减排效应进一步增加。

NARDL模型乘数效应模拟结果说明，不管是否考虑森林资源，废纸利用率的增加将增加造纸产业碳排放量；反之，则减少。废纸回收率对造纸产业碳减排的作用主要体现在减少了纸制品消费过程中的碳排放量，而对生产过程的影响程度较小。

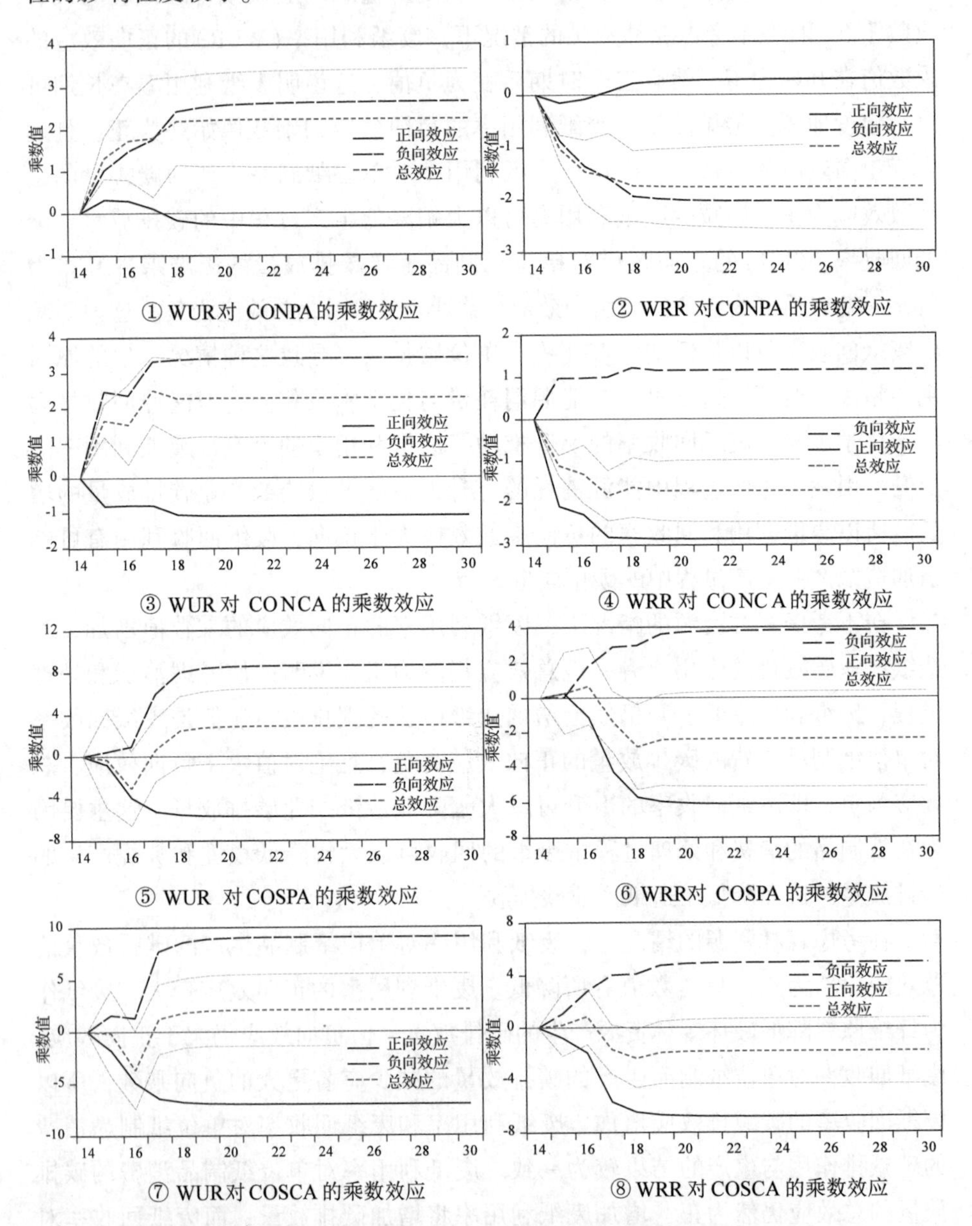

图 7.3 废纸回收利用对造纸产业碳排放影响的乘数效应分析

数据来源：NARDL 模型计算获取。

本节利用 NARDL 模型分析了废纸回收利用对单位纸制品的碳排放的影响。实证分析结果表明，废纸利用率的上升将增加碳排放，废纸回收率的上升将减少碳排放。实证结果分别验证了研究的假设，废纸利用率在各种情况下与单位纸制品的碳排放量均正相关，该结果与假设 1、2、5 一致，与假设 6 相反。该结果还与时变参数模型较为一致，即废纸利用率的碳减排效果是不显著的，且乘数效应的结果也说明随着消费处理和森林资源因素的加入，总效应递减且越来越接近于 0。废纸回收率与单位纸制品的碳排放量负相关，该结果与假设 3、4、7 和 8 是一致的，且与时变参数模型一致，随着消费处理和森林资源因素的加入其减排效果也逐渐增强。因此，NARDL 模型比最小二乘模型和时变参数模型更好地识别了废纸回收和利用率的正负向变化产生的减排效应，非对称效应比最小二乘法和时变参数模型的总效应更有政策参考价值。

影响实证结果的主要原因跟造纸产业的生命周期过程中各环节能源消耗和物质转换有着密切的关系。一方面，利用废纸作为纤维原料造纸对化学木浆和机械木浆都有替代作用，减少了对森林资源的破坏，以及在木材采伐运输过程中的能源消耗。另一方面，在制浆过程中，化学木浆的制浆过程虽然能源消耗多，但能源回收量也大，基本能实现能源的平衡，使得废纸在制浆过程中的总能源消耗要高于原生木浆，导致废纸在生产过程中的碳排放总量增加。同时，已有研究还认为，随着废纸浆利用比例的增加，纸浆的纤维原料长度下降，将增加对木浆掺杂的需求，导致能源消耗的增加。因此，废纸利用率的上升对造纸产业的碳减排呈负向作用，可通过减少废纸利用的比例实现减排。废纸回收主要减少了消费过程中的碳排放量(见图 7.2 LCA 模型)，且该过程的减排量较大；而废纸回收在生产中的减排作用较小，所以废纸回收率对生产过程中的碳减排效应小于纸制品消费过程的碳减排效应。综合以上实证分析结果，现阶段中国废纸回收率的提升有助于实现造纸产业碳减排的目标；继续提高废纸利用率，即大规模地使用废纸作为造纸纤维原料，已经超过了生产过程中的碳减排临界点，对碳减排目标的实现则没有帮助。

7.4 小 结

研究通过废纸回收与利用数据分析了其对造纸产业碳减排的效果，判断出废纸回收利用对造纸产业碳减排效应的变化趋势，检验了其对造纸产业碳减排效应的非对称性和强度。基于时变参数模型的计算结果表明：在各种情况下，废纸回收率的提高均可以达到碳减排的效果，尤其在考虑森林资源和消费因素时，碳减排效果的强度和变化更为明显，但这种效果的强度呈现出边际递减的趋势；在大多数情况下，废纸利用率对碳减排的效应为负，但强度较小。基于NARDL模型的实证分析结果显示，废纸利用率的上升将增加造纸产业碳排放量，而废纸回收率的上升能减少造纸产业碳排放量。综上，促进废纸的回收有助于实现造纸产业的碳减排目标，而现阶段废纸的利用已经超过了最优的利用范围，降低废纸作为造纸原料的比例可在一定程度上减少生产过程中的碳排放量。

8

废纸回收利用政策的碳减排效果仿真分析

2021年的全面禁止废纸进口政策(以下简称贸易政策)和回收技术进步政策是当下影响废纸回收和利用率的两个主要政策，本章主要分析了废纸贸易和回收技术进步两个主要政策对造纸产业碳排放的影响，并通过评估政策的效果为实现造纸产业碳减排提供理论支撑。

8.1 废纸贸易政策的碳减排效果分析

中国自2017年以来逐步减少废纸的进口，以缓解固废进口对环境的影响。在政策的作用下，中国的废纸进口量大幅下降，根据中国生态环境部固体废物与化学品管理技术中心数据显示，2019年度审批了15批次进口废物许可，废纸进口量为10751.9千吨，较2018年减少了7403.8千吨，同比下降40.78%。且中国从2021年起将全面禁止进口固体废物，自此生态环境部将不再接受和批准固体废物的进口申请。如果2021年彻底禁止废纸进口，那么将产生约20000千吨纤维原料的缺口，导致国内废纸价格飙升，废纸回收数量上升。另一方面国内废纸加工的再生浆平均纤维长度较低，且随着回收次数的增长纤维长度不断降低，需要增加木浆以保证纸浆质量，所以该政策可能部分增加化学木浆的需求。因此全面禁止废纸进口将改变造纸的纤维原料结构，影响到造纸产业的碳排放量。本节将利用仿真模型模拟2021年中国废纸进口限制政策对造纸产业碳减排的影响。

8.1.1 贸易政策分析的理论基础与仿真情景的设置

中国在2021年将实施最严格的废纸进口限制政策，该政策的实施将从多个方面对中国和世界造纸产业的发展产生深远的影响。该政策作用到产业将通过产业、贸易等多种途径传导产生非线性的效果，所以传统计量经济学的方法很难识别政策产生的复杂效应。故本研究利用仿真的方法模拟全面禁止废纸进口对造纸产业碳排放产生的复杂影响。

8.1.1.1 废纸贸易政策对造纸产业碳减排影响的理论基础

中国全面禁止废纸进口政策将通过贸易的方式影响国内和国际市场，产生复杂的、非线性的影响，这种影响主要体现在以下三个方面：

(1)全面禁止废纸进口将导致国内纤维原料短期供需矛盾加剧，纤维原料缺口加大。2021 年禁止废纸进口将导致约 20000 千吨造纸纤维原料的缺口，该政策首先将导致国内废纸供需矛盾加剧，废纸价格大幅上涨、国际市场废纸价格下跌；同时，废纸价格上升产生了化学木浆对废纸的替代效应，化学木浆需求量上涨。由于中国森林资源有限，且现阶段化学木浆的对外依存度已经超过了 50%，且中国木浆的进口量占国际贸易总量的 60%以上(FAO，2018)，所以化学木浆的供给能力可能无法满足替代效应。

(2)造纸纤维原料结构发生变化，废纸利用率降低，国内废纸回收量上升，但废纸回收率可能上升或下降。一方面，由于国内废纸价格上升，废纸的需求量下降，为了填补纤维原料的缺口，化学木浆、机械木浆和其他纤维木浆的比例会上升，导致造纸产业的纤维原料结构发生变化，废纸利用率下降。另一方面，国内废纸价格的上升，将提升废纸的回收量，但废纸回收率的变化方向很难确定。虽然在总消费变化不大的情况下，回收量的上升将带动回收率上升。然而，由于中国废纸由于质量水平较低导致再生木浆的纤维长度短、平均强度低，回收的废纸可用于制浆的比例下降，不可回收的部分增加，导致废纸回收率可能会降低。

(3)造纸产业的碳排放量会上升。进口废纸限制政策导致废纸利用率降低，这导致造纸产业可能使用更多的化学木浆或机械木浆，采伐更多的森林资源。如果废纸回收率略大于利用率，说明回收的废纸主要被用于造纸；如果废纸回收率远大于废纸利用率，说明回收的废纸有相当大的部分被填埋和焚烧。因此，贸易政策影响是一个复杂的过程，本研究认为，全面禁止废纸进口引发造纸产业碳排放增加的可能性较大。

图 8.1 描述了全面禁止废纸进口贸易政策产生的影响。从图中可以发现，该政策通过多个途径传导，不仅通过废纸市场影响国内纤维原料市场，还通过废纸贸易影响国际纤维原料市场。政策的最终效果体现为造纸纤维原料结构发生变化，主要表现为废纸利用率的变化。造纸纤维原料结构的变化又通

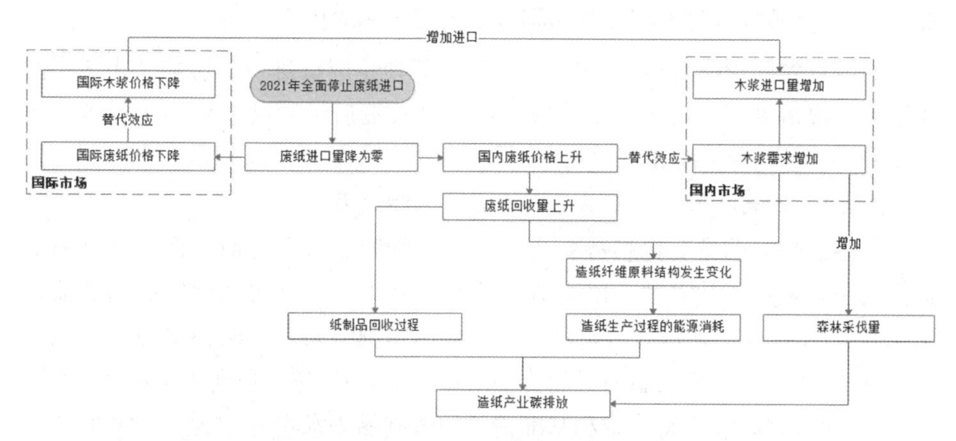

图 8.1　全面停止废纸进口政策对造纸产业碳排放影响路径

过投入产出关系影响造纸产业能源消耗和森林资源的消耗以及废纸回收情况，最终影响到造纸产业的碳排放。贸易通过多路径的传播形成了一个非线性的、多方向性的复杂反馈系统。因此，该政策对造纸产业碳减排的影响是很难直接作出判断的。

8.1.1.2　模型情景的设置

根据 2017 年 7 月国务院印发的《禁止洋垃圾入境突进固体废物进口管理制度改革实施方案》的要求，2020 年全面禁止洋垃圾入境；新修订的《中华人民共和国固体废物污染环境防治法》加强了对非法入境的固体废物的处罚。废纸进口限制政策力度持续加码，预计 2021 年中国废纸进口量将为 0。自废纸进口限制政策实施以来，2017 年中国废纸进口供给 3821 万吨，2019 年仅为 1075 万吨，2020 年的审批量将继续减半，2021 年废纸进口量将为零。因此，研究假设 2021 年后中国将全面禁止进口废纸。为了简化模拟的数量和难度，研究只模拟在基准情景下全面禁止固废进口政策对造纸产业生产、消费和贸易的影响，即只需在模型原有情景中加入 2021 年以后中国废纸进口限制政策。

8.1.2　贸易政策对中国废纸回收率和碳排放影响的仿真结果

研究利用仿真模型模拟在基准情景下全面禁止废纸进口贸易政策对造纸产业碳排放的影响，并与基准情景进行了比较判断该政策是否具有碳减排的效用。

8.1.2.1　贸易政策对中国纸制品和纸浆供需影响的仿真结果

研究首先利用模型预测了2021年后全面禁止废纸进口的影响，表7.1给出了在基准情景下，全面禁止废纸进口贸易政策后纸制品和纤维原料市场的变化趋势，并与原基准情景进行了对比。

8.1.2.1.1　纸制品供需和贸易量变化趋势预测结果

从纸制品需求量变化趋势看，全面禁止废纸进口在短期降低了纸制品的需求，长期增加了其需求。预测结果显示，2021年政策实施后纸制品的需求为126026.1千吨，而没有政策的基准情景的预测结果为136013.4千吨，两者相差9987.3千吨，纸制品的平均价格从940.5美元/吨上涨到983.0美元/吨。到2025年，贸易政策的情景和基准情景的纸制品需求量分别为：170090.7千吨和170604.1千吨，两者仿真情景下将十分接近；到2030年，两个情景下纸制品的需求将分别为：236586.4千吨和207672.4千吨，价格分别为：1630.2美元/吨和1037.0美元/吨，贸易政策情景下的需求量超过了基准情景(表8.1)。该结果说明，全面禁止废纸进口后，纸制品的需求增长的变化趋势呈现出先下降后上升的特征，这种情况主要源于禁止进口废纸导致原材料价格上升和供给能力不足，在短期导致纸制品需求下降，这种效应直到2026年才逐渐消除；随着政策效果的释放和纤维原料供给能力的提升纸制品需求将快速增加，甚至超过基准情景将近28914.0千吨。

纸制品供给的变化趋势与纸制品需求变化趋势一致，但废纸进口政策影响的时间更长。全面禁止废纸进口后纸制品的产量从基准情景的139596.4千吨下降到128607.0千吨，减少了10989.4千吨；直到2027年纸制品的生产(184556.9千吨)才与基准情景(183029.6千吨)接近；到2030年贸易政策情景和基准情景的纸制品产量分别为233608.7和213867.8千吨。该结果说明，全面禁止废纸进口将制约造纸产业的产能，且在政策实施后六年的时间里都将持续影响产能。虽然该政策的实施会产生一定的替代效应，但仍不能满足生产的需要，将产生纤维原料的供给缺口。

从贸易量看，全面禁止废纸进口导致中国纸制品进口量变化趋势与基准情景相反，进口量上升，出口量下降，中国成为纸制品的净进口国。2021年限制政策和基准情景下的进口量分别为3354.7千吨和2905.2千吨，增加了449.5千吨；出口量分别为6488.2千吨和5935.6千吨，减少了552.6千吨。到2030年，中国废纸净进口量仍然有增加的趋势，净进口量增加到2977.7千吨，年均增

表 8.1 贸易政策与基准情景比较

产品类型		情景	2021	2025	2030
纸制品总量	消费	基准	136013.4	162397.4	207672.4
		政策	12606.1	157747.1	236586.4
	产量	基准	139596.4	167116.7	213867.8
		政策	128607.0	157889.1	233608.7
	进口量	基准	2905.2	263.0	1786.9
		政策	3354.7	4425.1	6270.3
	出口量	基准	6488.2	6882.3	7982.3
		政策	5935.6	4567.1	3292.6
	价格	基准	940.5	976.1	1037.0
		政策	983.0	1237.9	1630.2
新闻纸	消费	基准	4078.3	4766.6	5933.4
		政策	3639.8	4440.7	679.0
	产量	基准	3786.1	4531.2	5755.5
		政策	3310.7	4029.3	6341.4
	进口量	基准	326.6	266.0	205.9
		政策	363.5	441.9	564.0
	出口量	基准	34.4	30.6	28.0
		政策	34.4	30.5	26.4
	价格	基准	567.8	569.2	586.9
		政策	641.9	935.7	1377.1
印刷书写纸	消费	基准	32225.8	40662.3	55707.8
		政策	27974.3	31730.2	44195.7
	产量	基准	35218.0	44942.3	61885.2.
		政策	30252.6	32876.4	43926.3
	进口量	基准	857.3	598.3	381.7
		政策	1018.7	1417.0	2140.5
	出口量	基准	3849.5	4878.3	6559.1
		政策	3297.0	2563.2	1871.1
	价格	基准	870.3	874.4	896.0
		政策	939.2	1234.0	1674.0

（续）

产品类型		情景	2021	2025	2030
其他纸制品	消费	基准	99709.3	116968.5	146031.2
		政策	94412.0	121576.2	185511.7
	产量	基准	100592.3	117643.2	146227.1
		政策	95043.7	120983.4	1883341.0
	进口量	基准	1721.3	1298.7	1199.3
		政策	1972.5	2566.2	3565.8
	出口量	基准	2604.3	1973.4	1395.2
		政策	2604.2	1973.4	1395.1
	价格	基准	978.4	1028.0	1109.1
		政策	1009.1	1250.0	1629.2
机械木浆	消费	基准	946.4	1012.3	1099.8
		政策	901.3	1073.3	1489.3
	产量	基准	946.4	1012.3	1099.8
		政策	898.3	1070.3	1486.1
	进口量	基准	4.0	4.0	4.1
		政策	4.0	4.0	4.1
	出口量	基准	1.0	1.0	0.9
		政策	1.0	1.0	0.9
	价格	基准	523.6	577.0	667.5
		政策	515.4	608.4	803.8
化学木浆	消费	基准	36410.6	41735.7	50469.6
		政策	34435.8	43151.7	64124.0
	产量	基准	10073.6	9693.8	9544.7
		政策	8098.2	11109.2	23198.3
	进口量	基准	26412.8	32105.0	40975.0
		政策	26413.4	32105.6	40975.8
	出口量	基准	75.8	63.1	50.1
		政策	75.8	63.1	50.1
	价格	基准	641.0	981.7	746.7
		政策	627.9	714.1	860.1

（续）

产品类型		情景	2021	2025	2030
其他纤维原料	消费	基准	8059.1	9321.7	11448.0
		政策	7607.0	9531.7	14149.0
	产量	基准	8080.5	9325.2	11431.4
		政策	7628.1	9538.0	14135.9
	进口量	基准	35.6	41.34	49.9
		政策	35.6	38.3	46.2
	出口量	基准	57.0	44.9	33.3
		政策	56.7	44.6	33.1
	价格	基准	1327.3	1490.2	1765.1
		政策	1253.0	1524.3	2182.7
废纸	消费	基准	106208.0	129543.4	169551.3
		政策	96701.6	117647.3	173846.4
	产量	基准	73060.8	90656.5	124359.3
		政策	97024.0	117647.3	173846.4
	进口量	基准	33577.0	39127.5	45308.5
		政策	0.0	0.0	0.0
	出口量	基准	429.8	240.6	116.5
		政策	322.4	0.0	0.0
	价格	基准	212.0	230.7	268.5
		政策	281.5	555.8	962.8

注：消费量、产量单位为千吨，价格为美元；政策为在基准情景下全面禁止废纸进口的模拟结果。

加 13.5%。因此，全面禁止废纸进口导致的供需矛盾使中国成为世界纸制品的进口大国，制约了产业的国际竞争力。

8.1.2.1.2 纸制品结构变化趋势预测结果

全面禁止废纸进口不仅影响纸制品的整体消费，还影响了各种纸制品需求的变化趋势，进而影响了纸制品的消费结构。全面禁止废纸进口后，各种纸制品需求变化趋势与基准情景一致，但是增长的速度存在较大差异。其中，采用再生木浆比例较高的新闻纸和其他纸制品（厨卫用纸、包装纸和其他纸制品）的增长速度较快，而印刷书写用纸由于增长速度远低于基准情景。这主要由于全面禁止废纸进口后，废纸的国内回收量大幅增长，国内废纸由于质量限制主要用于新闻纸和包装纸的生产，进而导致了这些产品的增长，而印刷书写纸对原材料质量的要求较高，木浆的供给量不足，高质量的废纸又无法进口，所以导致印刷书写纸的消费量和产量的增长速度要低于基准情景。因此，全面禁止废纸进口将影响纸制品的消费结构。

8.1.2.1.3 造纸纤维原料变化趋势预测结果

从造纸纤维原料变化趋势来看，全面禁止废纸进口后，2021 年中国的废纸进口量下降为 0。同时，全面禁止废纸进口使纤维原料成本上升，导致纸制品需求下降，2021 年机械木浆、化学木浆和废纸的需求量分别为 901.3、34435.8 和 97024.0 千吨，分别比基准情景减少 45.1、1974.8 和 9506.4 千吨；机械木浆、化学木浆和废纸的价格分别为 627.9、1253.0 和 281.5 美元/吨，分别比基准情景增加了-8.2、-13.1 和 69.5 美元/吨。废纸进口政策引发了国内废纸价格的上涨，国内废纸比基准情景上涨了 32.7%。2030 年机械木浆、化学木浆和废纸的需求量分别为 1489.3、64124.0 和 173846.4 千吨，分别比基准情景增加 241.0、13654.4 和 49487.1 千吨。其中，木浆(机械木浆和化学木浆)的平均价格为 858.8 美元/吨，比基准情景高出 113.8 美元/吨；国内废纸价格也将达到 962.8 美元/吨，是基准情景的 3.6 倍。

从纤维原料的供给看，全面禁止废纸进口后所有纤维原料的供给呈现出增加的趋势。2020 年，机械木浆、化学木浆和废纸的产量分别为 898.3、8098.2 和 97024.0 千吨，相对于基准情景增加了-48.1、-1975.4 和 23963.2 千吨；机械木浆、化学木浆和废纸的产量分别为 1486.1、23198.3 和 173846.4 千吨，比基准情景高出 386.3、13653.6 和 49487.1 千吨，其中化学木浆的增长量最大，约是 2021 年的 2.9 倍。废纸回收量增加了 79.2%，比基准情景高出 386.3、13653.6 和 49487.1 千吨。从机械木浆和化学木浆的进口量看，全面禁止废纸进口并没有引发进口量的大幅增加，政策情景与基准情景基本没有差异。

该结果说明，全面禁止废纸进口导致短期的纤维原料供给不足，造纸纤维原料价格上升，纸制品价格上升，需求出现了短期的下降，但长期看对化学木浆和废纸的需求还将保持较快的增长速度。在政策的作用下，造纸企业在长期将不断调整纤维供给来源，一方面，增加机械木浆、化学木浆和其他纤维原料的供给以缓解供需矛盾；另一方面增加废纸的回收以弥补进口限制的缺口。同时，该政策的实施还导致造纸纤维原料的价格出现了大幅度的上涨，尤其是废纸的价格上涨了约两倍，高于木浆的价格。同时，废纸进口政策并没有引发木浆进口量的大幅增加，这主要由于中国的木浆进口量已经占世界贸易的 60%以上，增加进口的空间并不大。因此，木浆供给能力的提升主要是国内产能的增加，引发了木材需求量的上升，增加了对国内森林资源的采伐。

8.1.2.2　中国造纸产业回收利用率和碳排放仿真结果

研究利用 LCA 计算了在全面禁止废纸进口政策下，中国造纸产业碳排放和废纸回收利用情况。研究发现该政策的实施增加了造纸产业的碳排放量，同时还降低了废纸的利用和回收率，模型的仿真结果见图 8.2。

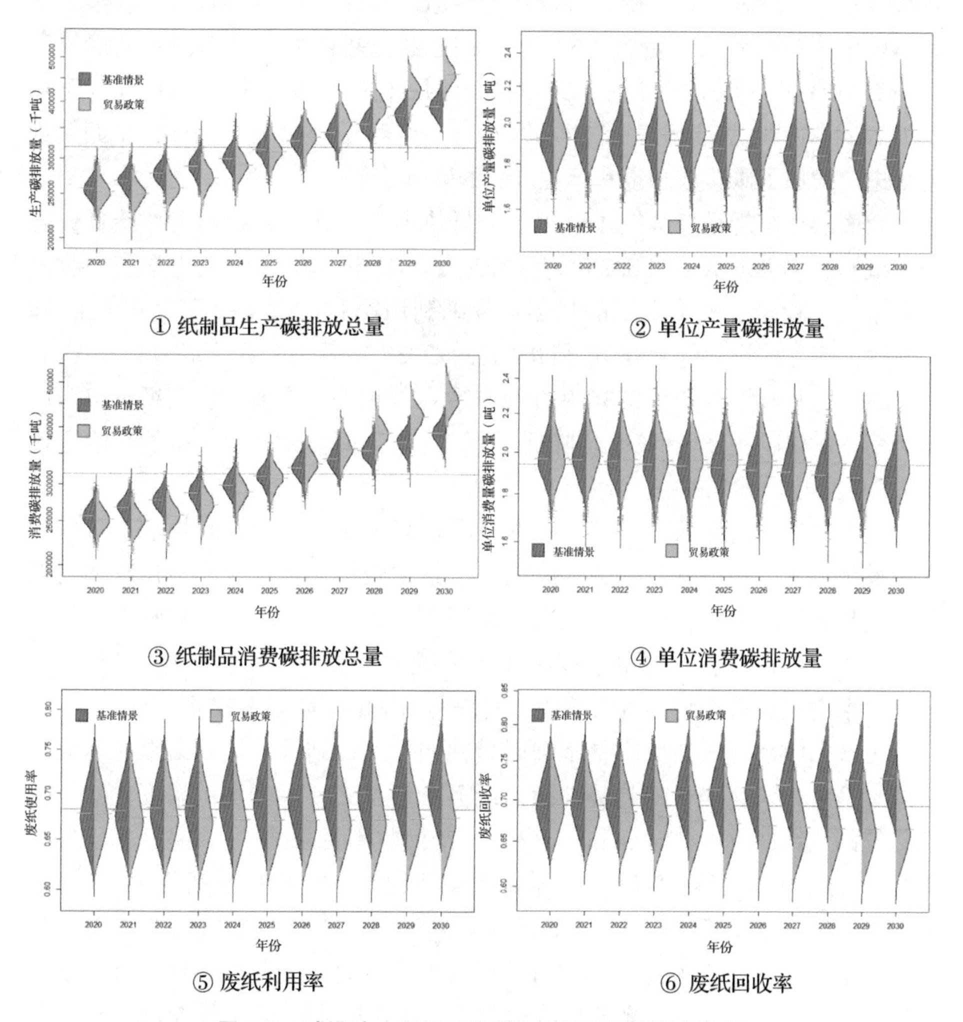

① 纸制品生产碳排放总量　　② 单位产量碳排放量

③ 纸制品消费碳排放总量　　④ 单位消费碳排放量

⑤ 废纸利用率　　⑥ 废纸回收率

图 8.2　碳排放、废纸回收率和利用率模拟结果比较

全面禁止废纸进口政策增加了造纸产业碳排放量。图 8.2①~④描述了考虑森林资源的情况[①]下造纸产业碳排放的变化情况以及和基准情景的差异。2021 年造纸产业碳排总量和生产单位纸制品碳排放量分别为 250447.1 千吨和 1.9474 吨，其中碳排放总量低于基准情景 17555.5 千吨，单位碳排放量高于基准情景 0.0275 吨；到 2030 年碳排放总量为 461280.3 千吨，生产单位产品碳排放量为 1.9746 吨，两者分别比基准情景高 70134.0 千吨和 0.1457 吨。消费碳排放与生产碳排放的变化特征较为类似，2021 年，纸制品消费碳排放量和消费单位产品碳排放量为 249607.2 千吨和 1.9641 吨，分别比基准情景高出-17534.3 千吨和 0.0165 吨；到 2030 年两者的碳排放分别为 459539.0 千吨和 1.9424 吨，比基准情景上升了 69526.8 千吨和 0.0644 吨。因此，全面禁止废纸进口增加了碳排放总量和单位产品的碳排放量。

全面禁止废纸进口改变了造纸产业纤维原料结构，废纸利用率降低，同时废纸回收率也降低。图 8.2⑤~⑥ 描述了 LCA 模拟的废纸利用率和回收率的分布变化趋势。政策实施的当年，废纸利用率和回收率分别为 0.6744 和 0.6882，比基准情景低 0.0070 和 0.0111；2030 年后，两者分别为 0.6743 和 0.6658，比基准情景低 0.0334 和 0.0630。结果说明，全面禁止废纸进口对废纸利用率的影响程度较低(平均降低了 0.0215)，而对废纸回收率的影响程度较大(平均降低了 0.0408)。

废纸利用率的降低是由于，一方面禁止废纸进口后废纸回收量不足导致无法满足需求，另一方面是国内废纸质量整体较低，其平均纤维长度和强度低于世界平均水平，在质量上无法满足需求。废纸利用率在贸易政策情景下只略低于基准情景，主要由于废纸作为造纸的主要原料所占比例已经很高，且在短期内很难有充足的木浆替代，所以利用率的下降幅度较低。

废纸回收率降低的原因是多种因素共同作用的结果。仿真结果显示废纸回收量呈现出快速增长的趋势，而废纸消费量虽然有所增加但幅度较小，所以传统的废纸回收率(Beukering 定义的废纸回收率见公式 5-1)呈现出上升的趋势。2021 年政策后和基准情景的传统回收率的均值分别为 0.7699 和 0.5372，全面禁止废纸进口导致传统废纸回收率上升了 0.2327；到 2030 年传统回收率也高达 0.7348，比基准情景高 0.1360。而本研究利用 LCA 计算的废纸回收率在基准情景下要高于传统回收率(2030 年传统回收率和 LCA 计算的回收率分别为 0.5988 和 0.7288，两者相差 0.13)；而全面禁止废纸进口的情景下，LCA 计算的废纸回收率要低于传统回收率(2030 年传统回收率和 LCA

① 考虑了森林资源的情况可以更好地反映全面禁止废纸回收利用对森林资源采伐的影响。

计算的回收率分别为 0.7348 和 0.6658，两者相差 0.0690）。这主要由于全面禁止废纸进口后，中国废纸的循环由内外双循环变为以内循环为主，利用废纸进行制浆和造纸会导致造纸纤维原料变短，一般 3~5 次循环后废纸将无法制浆。因此，当全面禁止废纸进口后，即使废纸回收量增加，但不能用于纸浆生产的部分也在增加，导致可用于回收生产的部分减少，LCA 计算的废纸回收率下降。

研究利用仿真模拟的方法分析了 2021 年全面禁止废纸进口政策的影响，实证分析结果说明，该政策实施将产生复杂、非线性的影响。首先全面禁止废纸进口将导致需求出现先下降后上升的变化趋势，纸制品需求的结构也发生变化，印刷书写纸的需求和生产将变缓。该政策还影响了国内造纸纤维原料市场，国内废纸回收量增加，对木浆和其他纤维原料的需求都有不同程度的上升，其中化学木浆的增速最快，造纸纤维原料结构改变，再生木浆比例下降、木浆比例上升。这导致中国废纸利用率和回收率都出现了下降的趋势，造纸产业碳排放量上升。因此，全面禁止废纸进口不会通过回收减少造纸产业碳排放量，还会较大幅度的增加碳排放量。

8.2 回收技术进步的碳减排效果分析

第六章的实证分析结果证明，废纸回收率的上升可以减少生产和消费的碳排放量，所以如何提升废纸回收率成为实现造纸产业碳减排的重要举措。本节主要分析提升回收率的措施，并利用模型模拟这些措施可能产生的效果。

8.2.1 回收技术进步情景设置

提升废纸回收率主要的办法就是减少在回收过程中的损耗——焚烧和填埋，最大限度的利用废纸资源获取纤维原料或能源是减少造纸产业碳排放的核心。本部分主要分析回收技术进步可能产生的碳减排效果，而不着重讨论如何实现回收率的提升，回收率的提升将在下一节中讨论。

图 8.3 描述了回收技术进步作用的范围。循环经济理论的核心就是实现资源的循环利用，循环利用程度越高，循环经济的水平也越高。所以实现循环经济就要减少资源从系统流出。图 8.3 中焚烧和填埋是两个主要的废纸流出渠道，废纸资源通过这两个渠道流出系统后将无法实现资源和能源的回收，只能增加碳排放。因此，废纸回收技术的进步可以通过减少这两个方面的流入实现碳减排的目标。

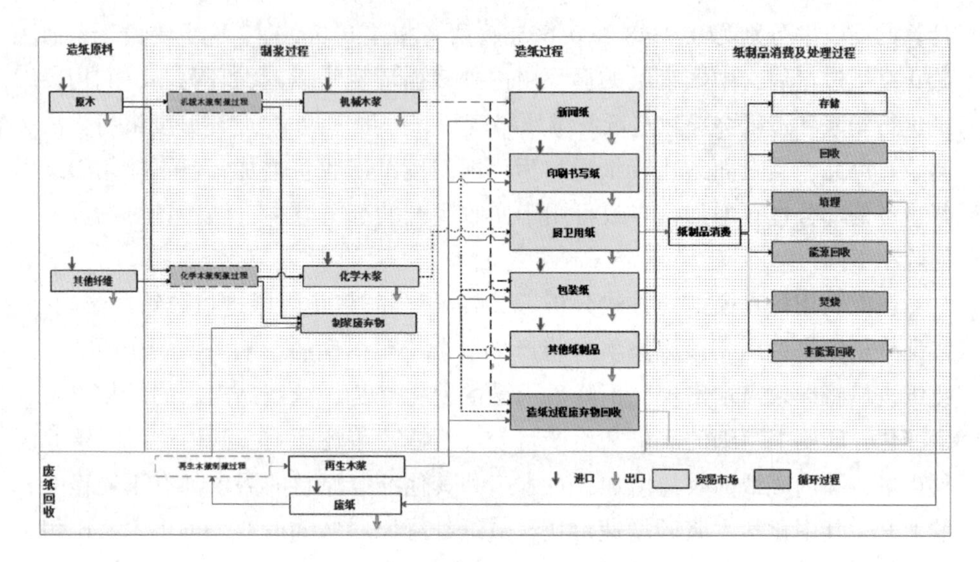

图 8.3　回收技术提升的作用机制

注：图中灰色线和灰色填充部分表示回收技术进步作用的范围。

研究利用仿真模拟了两种回收政策强度下废纸回收技术进步产生的影响。在 LCA 模型中焚烧的比例区间为[0.04，0.1]，均值为 0.08；填埋的比例区间为[0.02，0.08]，均值为 0.06。模型假设回收政策情景 1：焚烧比例为 0.06，填埋比例为 0.04；回收政策情景 2：焚烧比例为 0.04，填埋比例为 0.02。这两个政策情景的设定相当于焚烧和填埋比例从均值开始每次减少 0.02 的灵敏度分析。研究采用基准情景的 GDP 变化率作为模拟的基准情景，然后在基准情景基础上模拟回收政策 1 和 2；研究模拟的范围为政策从 2020 年开始(设 2020 年焚烧和填埋比例为均值)，焚烧和填埋比例以指数衰减①的形式减少到回收政策 1 和 2 的目标。

8.2.2　回收技术进步对中国废纸回收率和碳排放影响分析仿真结果

本部分首先利用仿真模型模拟了回收政策 1 和 2 并与基准情景进行了比较；然后，比较了回收政策 1 和 2 的变化强度。本部分的模拟是在考虑了造纸产业森林资源消耗的基础上进行的对比分析。

8.2.2.1　不同情景的比较分析

图 8.4 描述了在基准情景、回收政策 1 和回收政策 2 三种情景下，纸制品

---

①　由于回收技术的进步是一个缓慢而又漫长的过程，所以研究假设焚烧、填埋的比例是以指数衰减的方式达到政策假设的目标，即 2030 年才能达到政策的最佳效果。

消费碳排放总量、单位消费碳排放量①、废纸利用率和回收率从 2020—2030 年的模拟结果。

模拟结果显示，相对于基准情景回收政策 1 和 2 的碳排放量均出现了下降的趋势。在 2020 年三种情景的碳排放总量和单位碳排放量均与基准情景一致分别为 257000 千吨和 1.9687 吨；到 2025 年，回收政策 1 的碳排放量分别为 311500 千吨和 1.9215 吨，回收政策 2 的碳排放量分别为 310800 千吨和

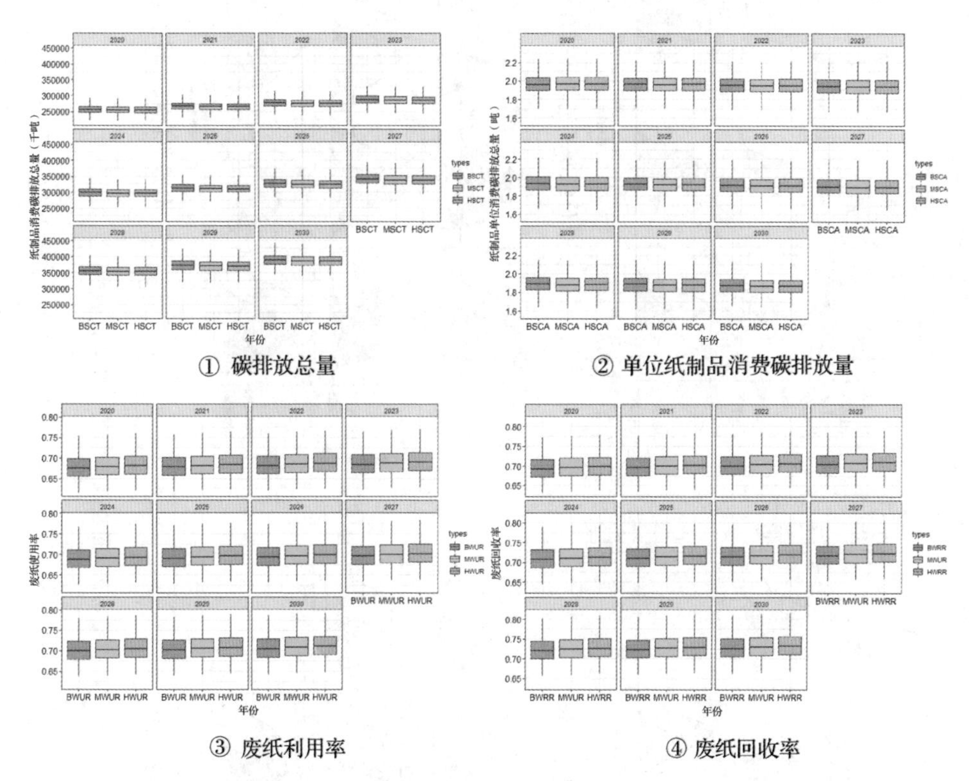

图 8.4 纸制品碳排总量、单位碳排量、废纸利用率和回收率模拟结果 2020—2030

注：图中红色填充为基本情景，绿色填充为回收政策情景 1，蓝色填充为回收政策情景 2。

1.9209 吨；到 2030 年回收政策 1 的碳排放量分别为 387000 千吨和 1.8696 吨，回收政策 2 的碳排放量分别为 386710 千吨和 1.8673 吨。通过与基准情景比较，回收情景 1 和 2 从 2021—2030 年平均减少碳排放量 2000 和 2300 千吨，

① 根据第 7 章实证结果显示，废纸回收主要的效果是减少纸制品消费的碳排放量，而对生产的碳排放量效果较小，所以这部分模拟结果采用考虑森林资源的消费碳排放量作为衡量造纸产业碳排放量的标准。

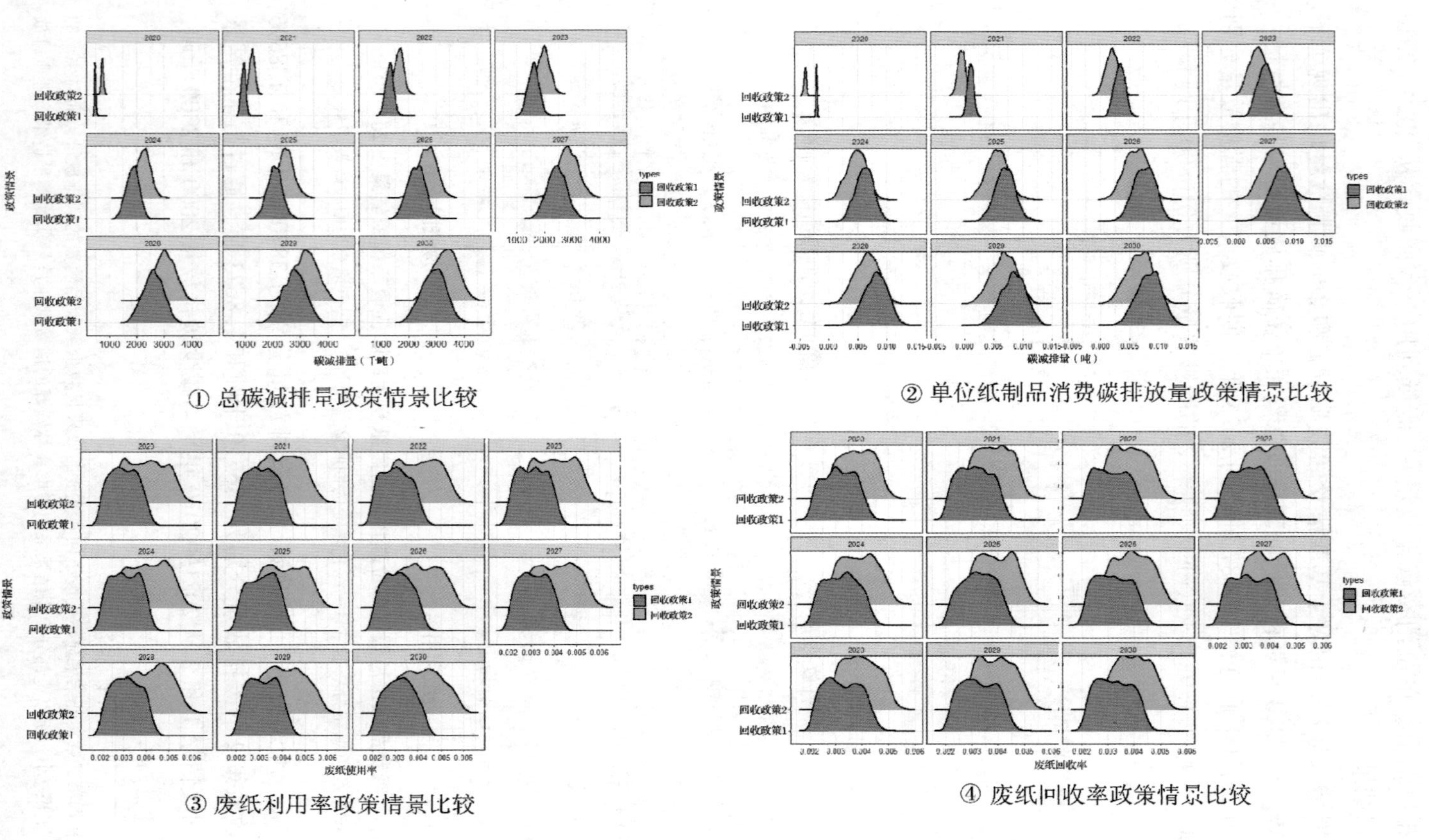

① 总碳减排量政策情景比较

② 单位纸制品消费碳排放量政策情景比较

③ 废纸利用率政策情景比较

④ 废纸回收率政策情景比较

图 8.5　回收政策情景 1 和 2 比较

单位纸制品减少碳排放量0.0049和0.0064吨。因此，在两种情景下废纸回收技术的进步可以减少纸制品的碳排放量。

从废纸利用率和回收率的变化趋势看，回收技术进步可以提升废纸的利用和回收率。模拟结果显示2020年三种情景的利用与回收率均为0.6783和0.6956；到2030年，回收情景1分别为0.7109和0.7321，回收情景2分别为0.7120和0.7173。回收情景1废纸利用率和回收率比基本情景平均高出0.0031和0.0032，回收情景2高出0.0042和0.0039。因此，回收技术进步可以减少纸制品消费过程中的损耗，增加废纸利用率的上升，更好地实现资源的闭循环。

8.2.2.2 回收技术进步变化强度对比分析

研究还对比了回收政策1和2的政策强度差异导致的造纸产业碳排放、利用率和回收率的差异(图8.5)。研究结果显示随着政策强度的增加，造纸产业碳排放总量和单位碳排量均明显减少；废纸回收率和利用率均出现了明显的增加。该结果说明，随着回收技术强度的增加，对造纸产业碳减排影响程度也会增加，没有出现政策效果递减的趋势。因此，增加废纸回收技术进步的程度可以提升废纸利用率和回收率，降低造纸产业碳排放。

研究还对比了两种回收政策情景下碳排放总量、单位碳排放、废纸利用率和回收率在每年的差异，以反映政策影响随时间变化的特征。检验结果表明，碳排总量从2022年开始对两种政策的强度效果就存在明显的差异，单位碳排量对两种政策强度的效果到2028年才变得显著；而废纸利用率和回收率的效果从2021年就十分显著。该结果表明，回收政策的强度对废纸回收和利用率的作用更明显，对碳排放总量也有较好的效果，但对单位碳排放量的影响程度较低。

表8.2 情景差异性检验

年份	碳排放量总量	单位碳排放量	废纸利用率	废纸回收率
2020	0.8563	0.3650	1.1103	1.5455
2021	2.3691*	0.0661	5.1498***	4.5379***
2022	3.9007**	0.2992	5.1082***	4.5139***
2023	4.5761***	0.6169	5.1294***	4.5775***
2024	5.5592***	0.9894	5.1611***	4.5621***
2025	6.6102***	1.3662	5.2006***	4.6204***

（续）

年份	碳排放量总量	单位碳排放量	废纸利用率	废纸回收率
2026	7.0229***	1.5956	5.1317***	4.5547***
2027	6.9287***	1.6608	5.1479***	4.5318***
2028	8.3703***	2.0757**	5.2301***	4.5178***
2029	8.2234***	2.1233**	5.1130***	4.5241***
2030	8.6317***	2.2217**	5.1843***	4.5324***

注：*：10%水平显著；**：5%水平显著；***：1%水平显著；Anova F统计量。

研究利用仿真模型模拟了废纸回收技术的进步对废纸利用率、回收率、碳排放总量和单位碳排放的影响。研究结果说明废纸回收技术的进步可以提升废纸回收利用水平，降低造纸产业碳排放量。这主要由于回收技术的进步可以减少废纸的填埋和焚烧量，使更多的废纸作为造纸的纤维原料或作为能源被回收。废纸回收技术的进步是推动造纸产业实现循环发展的关键。

8.3 小 结

本章利用仿真模型分析了废纸贸易政策和回收技术进步对造纸产业废纸回收和利用及碳减排的影响。研究结果表明，全面禁止废纸进口将降低废纸的利用和回收率，增加造纸产业的碳排放，该政策不利于产业的稳定发展和减排目标的实现。而废纸回收技术的提高，能提升废纸回收率和利用率，减少造纸产业碳排放量，对推动碳减排有积极作用。最后，综合本研究的实证分析结果，提出了在现阶段提高废纸回收率和降低废纸利用率的政策举措。

9

主要结论与建议

9.1 研究的主要结论

研究利用局部均衡模型和LCA模型的组合分析了中国造纸产业废纸回收利用和碳减排的关系，以及废纸回收利用政策对造纸产业碳减排的影响，得出如下四个主要发现。

9.1.1 中国废纸回收利用能力将持续提升

研究利用Kyock模型分析了历史回收率、损耗率和回收周期的变化趋势，利用局部均衡仿真模型预测了未来十年废纸回收率和利用率的变化趋势，并分析了贸易政策和废纸回收利用技术的进步对废纸回收率和利用率的影响。

纸制品回收率是衡量纸制品循环利用的重要标准，也是政府制定回收政策的重要依据。本研究介绍了如何利用kyock模型间接地计算纸制品回收周期和存储损耗率，测算了中国纸制品回收利用的情况。中国纸制品回收率测算结果说明，现阶段中国回收了除去存储和损耗的纸制品后约一半的消费量，与发达国家还存在着较大的差距。同时，随着消费量的增加和纸制品结构的变化中国纸制品回收的周期在缩短，加快了纸制品的回收速度，提升了废纸的供给能力；纸制品存储损耗率在1990—2017年间下降了约4%，这主要由于中国纸制品消费量增加和回收处理能力提升。同时，利用Kyock模型计算的废纸回收率、损耗率和回收周期为本研究LCA模型的构建提供废纸损耗和有关回收周期的关键参数。

研究利用仿真模型预测了在COVID-19背景下中国造纸产业废纸回收利用情况的变化趋势。研究显示，废纸回收率和利用率的变化趋势受到疫情的影响程度较低。在悲观、基准和乐观三种情景下，废纸回收率和利用率在

2020—2030年的平均增长率为0.063%和0.790%，该结果说明中国的废纸回收利用已经达到了较高的水平，在现有技术条件和政策背景下其提升的幅度有限。由于废纸利用率是由产业的资本结构决定的，而废纸利用率又与废纸回收率高度相关，所以COVID-19在短期不会改变造纸产业的资本构成——纤维原料结构，进而对废纸利用率和回收率的影响是不明显的。

综上，各种实证分析结果表明，中国造纸产业废纸回收率和利用率的变化呈现出“S”型的变化趋势。过去30年是废纸回收利用快速发展的时期，废纸的回收率和利用率大幅上升；2017年以后废纸回收率和利用率的增长变缓，但增长趋势不变，未来中国整体的废纸回收和利用能力将持续提升。

9.1.2 未来中国造纸产业碳排放总量上升，单位碳排量呈下降趋势

研究利用仿真模型预测了未来十年中国纸制品需求、供给和贸易情况，在此基础上利用LCA模型分析了考虑或不考虑森林资源碳汇功能的情况下单位纸制品生产和消费的碳排放量。

在考虑了COVID-19的影响下，虽然短期内减缓了纸制品的需求，但从长期看中国纸制品的需求还将保持一个较快的增长速度。预测结果表明，未来十年中国纸制品的需求仍将以一个较快的速度增长，年平均增速约为3.3%；从需求变化的特征看，各类纸制品中包装纸的需求量增加较大，成为主要的增长源。2020—2030年中国纸制品的消费总量将以约0.9%~6.9%的速度增长，2030年中国纸制品的消费总量将达到207672.4千吨，年人均纸制品消费量约为130千克，接近日本2017年148千克的消费量，但中国人均纸制品消费量仍只有美国、英国等发达国家人均纸制品消费量的一半。其中，增长速度较快的纸制品为印刷书写用纸，其增长速度为1.2%~7.9%，消费量和产量分别为55707.8和61885.2千吨；消费最多的纸制品为其他纸制品（包括：卫生纸与生活用纸、包装纸及其他纸和纸板），其消费量和产量在2020—2030年的增速为0.8%~6.6%，2030年的消费量和产量将分别达到146031.2和146227.1千吨。

纸制品需求的快速增长引发了造纸产业总体碳排放的增长。在不考虑森林碳汇作用的情况下，纸制品生产的碳排放量在2020—2030年间增长率介于1.293%~6.673%之间，到2030年将达到130000~308000千吨；纸制品消费碳排放总量的平均增速为1.29%~6.669%，到2030年将达到129000~306000千吨。在考虑森林碳汇作用的情况下，纸制品生产的碳排放量在2020—2030年间增长率介于4.365%~6.731%之间，到2030年将达到391000~571000千

吨；纸制品消费碳排放总量的平均增速为4.366 %~6.730 %，到2030年将达到390000~569000千吨。同时，疫情对造纸产业碳排放的影响只是在2020和2021两年减缓了碳排放的增加量，未能改变整体的变化趋势。

与造纸产业碳排放整体变化趋势相反，单位纸制品的碳排放量呈现出下降的趋势。在不考虑森林资源的情况下，单位纸制品生产的碳排放量在2020—2030年的变化率为-0.061%~-0.045%，到2030年约为1.001~1.0037吨；单位纸制品消费碳排放量的平均变化率为-0. 273 %~0.03 %，到2030年将达到0.9927~1.0278吨。在考虑森林资源的情况下，单位纸制品生产的碳排放量在2020—2030年间增长率在-0.1%~-0.099%，到2030年约为1.8289~1.0037吨；单位纸制品消费的碳排放总量平均增速为-0. 212 %~-0.111 %，到2030年将达到1.8780~1.9454吨。

9.1.3 废纸回收率提高可显著作用于碳减排，利用率综合效应不明显

研究利用时变参数模型和NARDL模型分析了废纸回收与利用对造纸产业碳减排的影响。研究从减排效果的变化趋势和非对称性两个方面完成了对废纸回收利用碳减排效应的测算。

时变参数模型实证结果表明，废纸的回收对造纸产业碳减排有着正向的作用，但该作用的边际效用随着废纸回收量的上升将逐步下降；废纸利用率对碳减排的效果并不显著，且整体呈负向趋势，即随着废纸利用率的提高会增加生产过程中的碳排放量。由此可知，废纸回收率的上升，碳减排的边际效应是递减的，且到2030年的十年间其减排效用基本保持稳定；废纸利用率的上升导致能耗上升增加了生产过程中的碳排放，考虑到森林资源的碳汇效用和消费处理过程中的减排因素，其碳减排的综合效应并不显著。总之，废纸回收率的变化可以影响碳减排，而废纸利用率变化的预期效果并不显著甚至可能出现增加碳排放的可能性。

NARDL模型乘数效应模拟结果表明，不管是否考虑森林资源，废纸利用率的上升都将增加造纸产业单位碳排放量。乘数效应结果显示，废纸利用率在上升过程中可小幅度地减少碳排放量；而在下降过程中则可大幅度地减少碳排放量，废纸利用率对碳减排的总乘数效应为负，即废纸利用率上升的效应大于下降的效应。该结论与直观经验相反，与传统使用废纸制浆节省能源的观点相矛盾。产生这种情况的原因是，化学木浆在造纸过程中有较高的能源回收率，使化学木浆在生产过程中总能源消耗低于废纸，废纸利用率的增加导致生产过程中能源消耗增加量大于减少量，最终导致碳排放量的增加。

因此，可以通过把废纸利用率降低到合理范围的方式减少造纸产业的碳排量。

9.1.4 回收技术进步正向作用于造纸产业碳减排，贸易政策则为负向

研究利用 GFPM 和 LCA 组合模型对现阶段影响废纸回收和利用的两个主要政策的效果进行了模拟，仿真结果表明，全面禁止废纸进口将降低废纸的回收利用，而回收技术进步可以提升废纸的回收利用。

根据新修订的《固体废物污染环境防治法》，自 2021 年起，我国将全面禁止固体废物进口，生态环境部将不再受理和审批固体废物进口相关申请。对该政策的模型仿真结果显示，禁止废纸进口会降低中国的废纸回收率和利用率。该政策的实施将导致废纸的回收和利用在国内形成一个封闭的循环，而国内高质量废纸占比低，以低质量废纸为主的废纸纤维原料结构大幅提高了造纸企业的生产成本，替代效应作用下木浆和其他纤维原料需求增加，拉低了国内整体的废纸回收和利用率，导致了造纸产业碳排放总量的上升。

对回收技术进步的政策效果仿真表明，回收技术的进步可以在一定程度上减少造纸产业碳排放量。废纸回收技术进步减少了废纸回收过程中的焚烧和填埋，提升了废纸回收率。根据第六章的分析结果，废纸回收率的提升可在生产和消费的各个环节实现对造纸产业碳排放总量和单位碳排量的有效降低，最终达到碳减排的目标。此外，模型对不同技术进步强度的政策效果进行了比较研究，结果表明，回收技术进步强度越大，对造纸产业碳减排总量和单位纸制品碳减排量的作用越强。

9.2 政策建议

本研究分析了废纸回收和利用对造纸产业碳减排的影响。研究从纸制品消费、生产和回收利用现状入手，利用 GFPM 和 LCA 组合模型分析了中国的废纸回收利用状况以及与造纸产业碳排放的关系。研究结果显示：废纸回收能减少造纸产业的碳排放，而过高的废纸利用率将增加造纸产业碳排放量；全面禁止废纸进口不利于实现造纸产业碳减排的目标；废纸回收利用技术的进步有助于碳减排。因此，废纸的回收和利用仍是推动造纸产业碳减排的主要手段，本节从废纸的回收、利用和贸易三个主要影响废纸循环利用的环节给出政策建议以推动造纸产业的碳减排。

9.2.1 优化废纸回收流程，提升废纸回收效率

研究结果显示废纸回收率的提升能有效降低中国造纸产业的碳排放量。

第四章的分析结果说明，过去40年中国废纸回收率有了大幅提升，回收过程中的损耗显著下降，且回收周期缩短。NARDL模型验证了废纸回收率的上升对造纸产业碳减排有着较大的乘数效应；同时，废纸回收技术进步可以通过减少废纸的焚烧和填埋提升废纸回收率，降低造纸产业的碳排放量。考虑到废纸回收产业链条较长，涉及投放、收集、运输、处理等多个环节，研究建议从整个废纸回收利用产业链条的各个方面提升废纸回收效率：

一是从链条前端，实施更为严格的垃圾分类处理政策。首先，循序渐进逐步推广分类回收体系，我国从2018年开始，在上海、北京等一线城市逐步实施了生活垃圾的全程分类，实现了从源头的投放，到中端的收集、运输，再到末端的处理，全过程的分类管理。建议按照一线城市、地级及以上城市、其他城市和农村的顺序，持续加强推进力度和覆盖面，由点到面，实现垃圾分类体系的全国覆盖。

二是从链条中端，“互联网+”提高废纸采收分类的智能化水平。鼓励利用基于计算机视觉技术与大数据的人工智能、物联网等技术实现对废纸的自动分类管理，一方面可规避现有人工分拣准确性差、费时多、危险性高(有可能直接触碰有毒有害废纸)的问题，另一方面可减少在废纸分类处理过程中的人力资本投入，降低废纸分类处理的成本，实现更准确科学高效的采收。

三是从链条末端，出台产业政策鼓励废纸回收企业做大做强。落实和完善支持再生资源回收体系建设的用地政策，对符合废纸分拣加工中心规范要求的项目，在符合土地利用总体规划前提下布局和选址，不断提高土地节约集约利用水平。完善促进废纸回收利用行业的税收政策，在财税78号文(财政部、国家税务总局关于印发《资源综合利用产品和劳务增值税优惠目录》的通知)对造纸企业享受返税条件的基础上，增加必须通过符合规范的回收企业购买废纸原料的要求，使规范企业获得较其他非法经营者更有利的竞争优势。

9.2.2　拓展关键技术研发应用，提高废纸再生利用水平

研究利用仿真技术分析了中国造纸产业纤维原料结构和废纸利用率的变化趋势。LCA模型结果显示，现阶段我国造纸产业废纸利用率高达65%，已超过最优利用率，存在过度利用废纸造纸的问题，尤其是过度利用低质量废纸造纸。建议通过精准分类，对废纸的利用方式和途径进行精细化管理，因纸施策、因质施策，确保实现废纸利用水平的最优化。

一是降低再生木浆占造纸纤维原料的比例。受制于现有加工工艺约束，相较原生木浆，废纸在加工成再生木浆中更少地析出可回收蒸汽能源，从而

产生了更多的碳排放。一方面应加强关键技术研发，降低废纸在纤维原料加工过程中的碳排量，另一方面应引导造纸企业，在精准分类的基础上适当降低废纸在纤维原料中的比例，建立多种来源的纤维原料结构，降低对废纸的依存度，优化废纸使用结构。

二是加强对废纸能源价值的开发与应用。既有研究表明，燃烧固体废纸燃料释放的二氧化碳比燃煤少20%，有益于减少造纸产业碳排放。世界发达国家(英国、日本等)已研发出了较为成熟的废纸能源处理技术，如将包装废纸用烘干压缩机压制成固体燃料，在中压锅炉内燃烧，产生蒸汽推动汽轮发电机发电，为造纸产业提供电源；或通过利用纤维素酶使纸中的纤维素转换为葡萄糖，再使葡萄糖氧化发电，将废纸转化成便携的生物电池。这些关键技术的应用为国内的废纸能源利用提供了借鉴，应进一步加强相关技术领域研发，着重开发废纸的能源价值，提高综合利用效率和水平，降低废纸利用中的碳排放。

三是探索废纸再生利用新方式与新途径。目前，我国的废纸再利用技术颇为单一，主要作为造纸纤维原料加以再利用，本研究模拟结果表明，延续这种利用方式对造纸产业的碳减排有弊无益。故应鼓励探索废纸再利用的新方式与新途径，通过政策手段提高废纸在新材料应用中的比例。如利用废纸生产隔热、隔音材料，利用废纸生产的隔热隔音材料密度小、性能好、价格低廉，就是一种节约资源、变废为宝的有效途径；利用废纸生产除油材料，在水中将废纸分离成纤维，加入硫酸铝，经过碎解、干燥等处理后，将其作为除油材料，可移走固体或水表面的油，该材料价格便宜、安全，制造工艺简单，原料来源广泛，且使用后可燃烧废弃，成本更低。这些扩展途径都可更有效地利用废纸，减少碳排放和环境污染。

9.2.3 转变废纸贸易模式，保障国内纸制品有效供给

2018年起中国开始限制废纸进口，2019年中国废纸进口量较高峰期减少了约一半以上，根据政策安排，至2021年中国将全面禁止废纸进口。本研究模拟了2021年全面禁止废纸进口政策的影响，结果显示该政策引发了造纸原料的供需矛盾，国内和国际市场均会发生剧烈的变化；同时该政策改变了纤维原料供给的结构，增加了中国造纸产业碳排放量。因此，采用更灵活的废纸贸易政策可以在保证国内纤维原料供给的前提下达到减排目的。

一是适度调整废纸进口限制措施，采用标准约束等方式减少固废进口引发的环境污染问题。中国全面禁止废纸进口的出发点是减少进口废纸中夹杂

的其他污染物进入国内市场，以减少对环境的污染。本研究模型仿真结果表明，该政策产生的效果过于复杂，为规避该政策引发的供需矛盾，减少碳排放，建议研究出台更精细具体的固废进口和使用标准，一方面通过对废纸中掺杂物的监测，提高高质量废纸的进口比率；另一方面分类施策，对不同质量的废纸给予不同的利用方式，通过港口—工厂 B2B 的方式，减少中间过程中的环境污染；或采取贸易限额制度，根据不同国家出口废纸的不同标准，配给贸易限额，采用小步慢跑的方式平稳地推进政策的实施，以减少政策产生的负面效应。

二是鼓励造纸企业“走出去”，通过境外设厂的方式规避政策风险。目前，中国废纸的整体质量与欧美发达国家存在较大差距，短时间内难以实现国内废纸供需的闭环，尚需利用国际市场的废纸资源满足国内需求。建议通过减少行政审批、增加补贴、降低关税等政策方式，鼓励造纸企业走出去，通过境外设厂的方式，在劳动力成本较低的国家和区域建立废纸纸浆和纸制品生产工厂，充分利用欧美国家的废纸资源和东南亚发展中国家的劳动力成本优势，实现废纸资源在境外的回收、处理、制浆和造纸全过程。通过直接进口成品纸以满足国内纸制品消费的需求，同时减少废纸在加工过程中可能造成的污染。

参考文献

白杨，衣飞宇，郭吉涛，等，2016 技术创新战略联盟在山东造纸产业转型升级中的作用机制及应用研究[J]．中华纸业，37(23)：55-61.

白杨，邹志勇，王泽风，2016．山东造纸产业转型升级发展水平测度研究[J]．中华纸业，37(21)：64-67+6.

陈晨，苏畅，吕泽瑜，等，2019．中国制浆造纸行业二恶英来源及排放情况[J]．中国造纸学报，34(1)：43-49.

陈诚，邱荣祖，2014．中国制浆造纸工业能源消耗与碳排放估算[J]．中国造纸，(04)：50-55.

崔学刚，方创琳，刘海猛，等，2019．城镇化与生态环境耦合动态模拟理论及方法的研究进展[J]．地理学报，74(6)：1079-1096.

戴铁军，赵迪，2016．基于系统动力学的区域经济系统可持续发展模型研究[J]．再生资源与循环经济，9(9)：7-10.

戴铁军，赵鑫蕊，2018．基于生态成本的废纸产业政策、市场结构和生产工艺优化[J]．中国造纸，37(4)：12-18.

刁钢，2014．中国木材供给及政策研究[D]．北京林业大学.

董军，张旭，2010．中国工业部门能耗碳排放分解与低碳策略研究[J]．资源科学，32(10)：1856-1862.

樊欢欢，2013．制浆造纸清洁生产评价指标体系中指标权重的计算——基于LCA和节能减排评价方法[A]．中国环境科学学会．2013中国环境科学学会学术年会论文集(第四卷)[C]．中国环境科学学会：中国环境科学学会：4.

范如国，黄本笑，2002．企业制度系统的复杂性：混沌与分形[J]．科研管理，(4)：22-29.

冯婧，李素侠，张雪花，2019．基于系统动力学的新兴绿色产业链价值增值研究[J]．科技管理研究，39(22)：268-274.

葛振香，2017．基于LCA的山东省造纸业可持续发展研究[D]．山东师范大学.

郭钧，朱文豪，杜百岗，等．考虑协同效应的复杂产品系统绿色供应商多阶段选择方法[J/OL]．计算机集成制造系统：1-26[2019-12-29]．http：//kns. cnki. net/kcms/detail/11. 5946. tp. 20190301. 1025. 010. html.

国家统计局．2019. http：//www. stats. gov. cn/

侯汉坡，刘春成，孙梦水，2013. 城市系统理论：基于复杂适应系统的认识[J]．管理世界，(5)：182-183.

侯合银，2008. 复杂适应系统的特征及其可持续发展问题研究[J]．系统科学学报，(4)：81-85.

胡鞍钢，周绍杰，2014. 绿色发展：功能界定、机制分析与发展战略[J]．中国人口资源与环境，24(1)：14-20.

黄欣荣，2006. 复杂性研究与还原论的超越[J]．自然辩证法研究，(10)：23-26.

黄振中，王艳，李思一，等，1997. 中国可持续发展系统动力学仿真模型[J]．计算机仿真，(4)：3-7.

景晓玮，赵庆建，2019. 基于生产过程的制浆造纸企业碳排放核算研究[J/OL]．中国林业经济，(6)：9-12+54.

李菲菲，崔金栋，王胜文，等，2019. 复杂系统视角下中国汽车产业技术创新网络演进研究[J]．科技管理研究，39(21)：154-159.

李炜，岳建芳，安慧子，2017. 循环经济理念下的造纸产业集群发展路径探索[J]．中国造纸，36(5)：64-67.

李永智，刘晶晶，孔令波，2017. 造纸企业温室气体排放核算及其应用[J]．中国造纸，36(10)：24-29.

李战，2019. 2019 年中国纸浆市场需求趋势分析[J]．中华纸业，40(7)：55-61.

李珍，程宝栋，2013. 中国造纸行业木材需求预测分析[J]．林业经济，(7)：49-52.

连瑞瑞，2019. 综合性国家科学中心管理运行机制与政策保障研究[D]．中国科学技术大学.

廖守亿，2005. 复杂系统基于 Agent 的建模与仿真方法研究及应用[D]．国防科学技术大学.

廖艳芬，马晓茜，陈勇，2013. 中国造纸行业能源消费概况及煤炭利用过程节能技术分析[J]. 纸和造纸, 32(6): 1-5.

刘金, 曹康康, 黄志斌, 2018. 绿色发展的系统特征、价值取向以及实践路径论要[J]. 学术界, (5): 206-213.

刘莹, 李军, 贺丽, 2019. 复杂性视角下中国家庭金融行为的动态稳定性研究[J]. 云南财经大学学报, 35(9): 106-112.

卢志平, 汪艳梅, 王亮亮, 2016. 柳州市可持续发展系统动力学仿真[J]. 城市问题, (6): 39-46.

马平川, 杨多贵, 雷莹莹, 2011. 绿色发展进程的宏观判定——以上海市为例[J]. 中国人口资源与环境, 21(S2): 454-458.

马倩倩, 2011. 用生命周期评价印刷书写纸的环境行为[J]. 国际造纸, 30(3): 4-8.

马青, 傅强, 王庆宇, 2019. 产业绿色转型能缓解城乡收入不平等吗?——基于政府规制的耦合互动分析[J]. 经济问题探索, (11): 94-111.

马镛, 张亦飞, 祁琪, 等, 2019. 基于复杂网络的海洋生态系统压力影响量化方法及应用[J]. 海洋环境科学, 38(3): 446-453.

孟凯中, 王斌, 2007. 系统动力学在中国可持续发展战略中的研究进展[J]. 资源开发与市场, (1): 78-80.

彭竞霄, 袁超, 高明惠, 等, 2019. 基于系统动力学的湖南省能源消耗碳排放仿真模拟[J]. 湖南工业大学学报, 33(6): 51-59.

邱晓兰, 余建辉, 戴永务, 2015. 造纸产业国际竞争力影响因素分析[J]. 经济问题, (7): 81-84.

任丽娟, 2011. 生命周期评价方法及典型纸产品生命周期评价研究[D]. 北京工业大学.

唐帅, 2015. 中国纸产品对外贸易影响因素和竞争力研究[D]. 北京林业大学.

王岱, 万相昱, 唐亮, 2016. 复杂适应系统下的粮食安全问题研究——基于 Agent 的农户模型模拟[J]. 价格理论与实践, (2): 138-140.

王海刚, 曹丹, 2017. 低碳视角下中国造纸产业国际竞争力实例分析[J]. 中国造纸, 36(10): 74-78.

王宏智, 隋大伟, 2019. 中国纸浆进口贸易现状、影响因素分析与发展对策研究[J]. 经济论坛, (2): 116-120.

王其藩, 1995. 高级系统动力学[M]. 北京: 清华大学出版社.

王艳霞, 王艳, 2017. 中国纸浆贸易逆差产生的因素及对策[J]. 改革与战略,

33(5)：148-149+167.

王志刚，2011. 中国经济发展系统动态仿真研究[J]. 经济与管理研究，(10)：33-38.

翁海东，2019. 全球纸浆市场的产业结构和供需平衡[J]. 中华纸业，40(7)：27-33.

吴承照，贾静，2017. 基于复杂系统理论的中国国家公园管理机制初步研究[J]. 旅游科学，31(3)：24-32.

吴雅瑜，杨文，陈佳，2014. 中国纸制品产业的国际竞争力实证研究——基于主要贸易出口国的国际竞争力比较[J]. 中国林业经济，(3)：44-48.

郗文君，张安龙，2014. 生命周期评价在造纸废水处理中的应用[J]. 湖南造纸，(4)：24-27.

肖靓，孙大琦，石燕，等，2016. 废纸造纸废水处理技术的研究进展[J]. 水处理技术，42(1)：20-25.

熊笑坤，2017. 中国纸浆进口贸易发展研究[J]. 改革与战略，33(8)：185-187.

徐晓春，2011. 涂布白纸板纸业产品生命周期研究及环境影响评价[J]. 现代农业科技，(21)：286-289+291.

杨冬璐，2019. 典型再生纸产品的生命周期环境与经济影响评价[D]. 山东大学.

印中华，田明华，宋维明，2008. 中国大量进口废纸问题分析[J]. 林业经济，(4)：46-50.

张国俊，邓毛颖，姚洋洋，等，2019. 广东省产业绿色发展的空间格局及影响因素分析[J]. 自然资源学报，34(8)：1593-1605.

张少博，田明华，于豪谅，等，2017. 中国木质林产品贸易发展现状与特点分析[J]. 林业经济问题，37(3)：63-69+108.

张欣，张放，蔡慧，等，2019. 典型制浆造纸厂的 CO_ 2 排放及碳强度的算法和分析[J]. 中国造纸学报，34(1)：36-42.

张远惠，2015. 基于复杂系统理论的多项目资源管理模式——以某企业的信息化建设项目为例[J]. 系统科学学报，23(4)：65-67+91.

赵会杰，于法稳，2019. 基于熵值法的粮食主产区农业绿色发展水平评价[J]. 改革，(11)：136-146.

赵开元，2019. 基于 DEA-MaLmquist 指数的纺织业绿色发展效率评价方法研究[D]. 天津工业大学.

郑清英, 2017. 中国造纸及纸制品行业能源效率及节能途径研究[D]. 厦门大学.

中国造纸协会. 2019. http://www.chinappi.org/

钟永光, 贾晓菁, 钱颖, 等, 2013. 系统动力学[M]. 北京: 科学出版社.

钟永光, 贾晓菁, 钱颖, 等, 2017. 系统动力学前言与应用[M]. 北京: 科学出版社.

周俊霞, 2016. 碳关税对中国纸制品出口贸易的影响分析[J]. 对外经贸实务, (7): 31-34.

周在峰, 周秋菊, 赵小玲, 2016. 基于文献计量指标评价全球造纸科技创新竞争力[J]. 中国造纸, 35(12): 55-59.

周在峰, 周秋菊, 2017. 全球造纸产业科技领域国际合作研究的文献计量分析[J]. 中国造纸, 36(9): 34-38.

Adès J, Bernard J T, González P, 2012. Energy use and GHG emissions in the Quebec pulp and paper industry, 1990-2006 [J]. Canadian Public Policy, 38(1): 71-90.

Allouche J, Middleton C, Gyawali D, 2015. Technical veil, hidden politics: Interrogating the power linkages behind the nexus[J]. Water Alternatives, 8(1): 610-626.

Arthur W B, 1999. Complexity and the economy [J]. Science, 284 (5411): 107-109.

Baccini P, Brunner P H, 2012. Metabolism of the anthroposphere: Analysis, evaluation, design, 2nd. Ed [M]. Cambridge, MA, USA: MIT Press.

Bailey I, Caprotti F, 2014. The green economy: functional domains and theoretical directions of enquiry [J]. Environment and Planning A, 46(8): 1797-1813.

Barbier E, 2011. The policy challenges for green economy and sustainable economic development [C]. Natural resources forum. Oxford, UK: Blackwell Publishing Ltd, 35(3): 233-245.

Bauhardt C, 2014. Solutions to the crisis? The Green New Deal, Degrowth, and the Solidarity Economy: Alternatives to the capitalist growth economy from an ecofeminist economics perspective [J]. Ecological Economics, 102: 60-68.

Bello S, Mendez-Trelles P, Rodil E, et al, 2020. Towards improving the sustainability of bioplastics: Process modelling and life cycle assessment of two separation routes for 2, 5-furandicarboxylic acid [J]. Separation and Purification Technology, 233: 116056.

Berglund C, Söderholm P, 2003. An Econometric Analysis of Global Waste Paper Recovery and Utilization [J]. Environmental and Resource Economics, 26 (3): 429-456.

Beukering V P J, 2001. Empirical Evidence on Recycling and Trade of Paper and Lead Developed and Developing [J]. World Development, 10 (29): 1717-1737.

Bina O, 2013. The green economy and sustainable development: an uneasy balance? [J]. Environment and Planning C: Government and Policy, 31(6): 1023-1047.

Bina O, La Camera F, 2011. Promise and shortcomings of a green turn in recent policy responses to the "double crisis"[J]. Ecological Economics, 70(12): 2308-2316.

Blei D M, Ng A Y, Jordan M I, 2003. Latent dirichlet allocation [J]. Journal of Machine Learning Research, 3(Jan): 993-1022

Bocken N M P, Olivetti E A, Cullen J M, Potting J, Lifset R, 2017. Taking the circularity to the next level: A special issue on the circular economy [J]. Journal of Industrial Ecology, 21(3): 476 - 482.

Bone C, 2016. A complex adaptive systems perspective of forest policy in China [J]. Technological Forecasting and Social Change, 112: 138-144.

Brand U, Wissen M, 2013. Crisis and continuity of capitalist society-nature relationships: The imperial mode of living and the limits to environmental governance [J]. Review of International Political Economy, 20(4): 687-711.

Brand U, 2012. Green economy - the next oxymoron? No lessons learned from failures of implementing sustainable development [J]. GAIA-Ecological Perspectives for Science and Society, 21(1): 28-32.

Brockington D, 2012. A radically conservative vision? The challenge of UNEP′s towards a green economy [J]. Development and Change, 43(1): 409-422.

Buongiorno J, Uusivuori J, 1992. The law of one price in the trade of forest products: co-integration tests for US exports of pulp and paper[J]. Forest Science,

38(3): 539-553.

Burnley S, Coleman T, Peirce A, 2015. Factors influencing the life cycle burdens of the recovery of energy from residual municipal waste [J]. Waste Management, 39: 295-304.

Cai W, Wang C, Chen J, et al, 2011. Green economy and green jobs: Myth or reality? The case of China's power generation sector [J]. Energy, 36(10): 5994-6003.

Capitani C, Mukama K, Mbilinyi B, et al, 2016. From local scenarios to national maps: a participatory framework for envisioning the future of Tanzania [J]. Ecology and Society, 21(3): 4.

Celauro C, Corriere F, Guerrieri M, et al, 2015. Environmentally appraising different pavement and construction scenarios: A comparative analysis for a typical local road [J]. Transportation Research Part D: Transport and Environment, 34: 41-51.

Chang J C, Beach R H, Olivetti E A, 2019. Consequential effects of increased use of recycled fiber in the United States pulp and paper industry [J]. Journal of Cleaner Production, 241: 118133.

Chen C, Han J, Fan P, 2016. Measuring the level of industrial green development and exploring its influencing factors: Empirical evidence from China's 30 provinces [J]. Sustainability, 8(2): 153.

Chen G, Wang X, Li J, et al, 2019. Environmental, energy, and economic analysis of integrated treatment of municipal solid waste and sewage sludge: A case study in China [J]. Science of the Total Environment, 647: 1433-1443.

Chen Z, Yue X, He Z, et al, 2018. China's New Regulations on Waste Paper Importing and their Impacts on Global Waste Paper Recycling and the Papermaking Industry in China [J]. BioResources, 13(3): 4773-4775.

Chiba T, Oka H, Kayo C, 2017. Socioeconomic factors influencing global paper and paperboard demand [J]. Journal of Wood Science, 63(5): 539-547.

Collet P, Flottes E, Favre A, et al, 2017. Techno-economic and Life Cycle Assessment of methane production via biogas upgrading and power to gas technology [J]. Applied Energy, 192: 282-295.

Corcelli F, Fiorentino G, Vehmas J, et al, 2018. Energy efficiency and environmental assessment of papermaking from chemical pulp－A Finland case study [J]. Journal of Cleaner Production, 198: 96–111.

Cote M, Poganietz W R, Schebek L, 2015. Anthropogenic carbon stock dynamics of pulp and paper products in Germany [J]. Journal of Industrial Ecology, 19 (3): 366–379.

Cote, M, Poganietz W R , Schebek L, 2001. Anthropogenic carbon stock dynamics of pulp and paper products in Germany [J]. Journal of Industrial Ecology, 19 (3): 366–379.

Csete M, Horváth L, 2012. Sustainability and green development in urban policies and strategies [J]. Applied Ecology and Environmental Research, 10(2): 185–194.

Cui Z, Hong J, Ismail Z Z, 2011. Life cycle assessment of coated white board: a case study in China [J]. Journal of Cleaner Production, 19 (13): 1506 –1512.

D′Amato D, Droste N, Allen B, et al, 2017. Green, circular, bio economy: A comparative analysis of sustainability avenues [J]. Journal of Cleaner Production, 168: 716–734.

Das T K, Houtman C, 2004. Evaluating chemical, mechanical, and bio-pulping processes and their sustainability characterization using life-cycle assessment [J]. Environmental Progress, 23(4): 347–357.

de Azevedo A R G, Alexandre J, Pessanha L S P, et al, 2019. Characterizing the paper industry sludge for environmentally－safe disposal [J]. Waste Management, 95: 43–52.

de Oliveira J A P, Doll C N H, Balaban O, et al, 2013. Green economy and governance in cities: assessing good governance in key urban economic processes [J]. Journal of Cleaner Production, 58: 138–152.

Death C, 2014. The green economy in South Africa: Global discourses and local politics [J]. Politikon, 41(1): 1–22.

Desforges X, Diévart M, Archimède B, 2017. A prognostic function for complex systems to support production and maintenance co–operative planning based on an extension of object oriented Bayesian networks [J]. Computers in Industry, 86: 34–51.

Diao G, Cheng B D, Liu S T, et al, 2016. Empirical analysis on influencing factors of waste paper recovery rate in China [J]. Journal of Sustainable Forestry. 35 (3): 183-190.

Dias A C, Arroja L, 2012. Comparison of methodologies for estimating the carbon footprint - case study of office paper [J]. Journal of Cleaner Production, 24: 30-35.

EC, 2015. Communication from the commission to the parliament, the council and the European economic and social commitee and the commitee of the regions: Closing the loop-An EU action plan for the Circular Economy [R]. EC, COM (2015) 614 final.

EC, 2014. Development of Guidance on Extended Producer Responsibility (EPR) [R]. EC http: //ec. europa. eu/environment/waste/pdf/target _ review/ Guidance%20on%20EPR%20-%20Final%20Report. pdf.

EC, 2014. Towards a Circular Economy: A Zero Waste Programme for Europe [R]. EC. http: //ec. europa. eu/environment/circular-economy/pdf/circular-economy-communication. pdf.

Eco Canada. Defining the green economy-labour market research study. 2010. https: //www. eco. ca/pdf/Defining-the-Green-Economy-2010. pdf

Edgren J A, Moreland K W, 1989. An Econometric Analysis of Paper and Wastepaper Markets. Resource and Energy, (11)3: 299-319.

Ellen MacArthur Foundation, 2013. Towards the circular economy [R]. Cowes, UK: Ellen MacArthur Foundation.

Eriksson E, Karlsson P E, Hallberg L, et al, 2010. Carbon footprint of cartons in Europe - Carbon footprint methodology and biogenic carbon sequestration[J].

Ewijk S, Park J Y, Marian R, et al, 2018. Quantifying the system-wide recovery potential of waste in the global paper life cycle [J]. Resources, Conservation and Recycling, 134(4): 48-60.

Faleschini F, Zanini M A, Pellegrino C, et al, 2016. Sustainable management and supply of natural and recycled aggregates in a medium-size integrated plant [J]. Waste Management, 49: 146-155.

Faludi, Jeremy, et al. Comparing environmental impacts of additive manufacturing vs traditional machining via life-cycle assessment [J]. Rapid Prototyping Journal 21. 1 (2015): 14–33.

Fankhauser S, Bowen A, Calel R, et al, 2013. Who will win the green race? In search of environmental competitiveness and innovation [J]. Global Environmental Change, 23(5): 902–913.

FAO (Food and Agriculture Organization of the United Nations), 2016. FAO Stat–Forestry production and trade. http://faostat3. fao. org/download/F/FO/E.

FAO (Food and Agriculture Organization of the United Nations), 2019. Forestry Production and Trade. http://www. fao. org/faostat/en/#data/FO.

Farahani S, Worrell E, Bryntse G. CO_2–free paper? [J]. Resources, Conservation and Recycling, 2004, 42(4): 317–336.

Feng C, Wang M, Liu G C, et al, 2017. Green development performance and its influencing factors: A global perspective [J]. Journal of Cleaner Production, 144: 323–333.

Feng Z, Chen W, 2018. Environmental regulation, green innovation, and industrial green development: An empirical analysis based on the Spatial Durbin model [J]. Sustainability, 10(1): 223.

Feng Z, Yan N, 2007. Putting a circular economy into practice in China [J]. Sustainability Science, 2(1): 95–101.

Fernández-Dacosta C, Shen L, Schakel W, et al, 2019. Potential and challenges of low–carbon energy options: Comparative assessment of alternative fuels for the transport sector [J]. Applied Energy, 236: 590–606.

Food and Agriculture Organization (FAO), 2019. http://www. fao. org/faostat/en/#data/FO

Foote R, 2007. Mathematics and complex systems[J]. science, 318(5849): 410–412.

Friedrich E, Trois C, 2011. Quantification of greenhouse gas emissions from waste management processes for municipalities: a comparative review focusing on Africa [J]. Waste Manage, 31(7): 1585–1596.

Gallagher R, Appenzeller T, 1999. Beyond reductionism [J]. Science, 284 (5411): 79–80.

Garfí M, Flores L, Ferrer I, 2017. Life cycle assessment of wastewater treatment systems for small communities: activated sludge, constructed wetlands and high rate algal ponds[J]. Journal of Cleaner Production, 161: 211–219.

Gaudreault C, Samson R, Stuart P, 2009. Implications of choices and interpretation in LCA for multi–criteria process design: deinked pulp capacity and cogeneration at a paper mill case study [J]. J. Clean. Prod, 17: 1535–1546.

Gemechu E D, Butnar I, Gomà–Camps J, et al, 2013. A comparison of the GHG emissions caused by manufacturing tissue paper from virgin pulp or recycled waste paper [J]. The International Journal of Life Cycle Assessment, 18(8): 1618–1628.

Ghisellini P, Cialani C, Ulgiati, S, 2016. A review on circular economy: The expected transition to a balanced interplay of environmental and economic systems [J]. Journal of Cleaner Production, (114): 11 – 32.

Ghose A, Chinga-Carrasco G, 2013. Environmental aspects of Norwegian production of pulp fibres and printing paper [J]. Journal of CleanerProduction, 57: 293–301.

Global Green Growth Institute (GGGI) [R]. GGGI Refreshed Strategic Plan 2015–2020. 2017. https://gggi.org/site/assets/uploads/2018/02/17078_ GGGI _ Strategic_ Plan–2015_ v13_ JM_ HOMEPRINT.pdf

Goldenfeld N, Kadanoff L P, 1999. Simple lessons from complexity [J]. Science, 284(5411): 87–89.

González-García S, Berg S, Feijoo G, et al, 2009. Environmental impacts of forest production and supply of pulpwood: Spanish and Swedish case studies [J]. The International Journal of Life Cycle Assessment, 14(4): 340–353.

González-García S, Moreira M T, Artal G, et al, 2010. Environmental impact assessment of non-wood based pulp production by soda–anthraquinone pulping process [J]. Journal of Cleaner Production, 18(2): 137–145.

González-García S, Hospido A, Moreira M, et al, 2009. Environmental impact assessment of total chlorine free pulp from Eucalyptus globulus in Spain [J]. J. Clean. Prod, 17: 1010–1016.

Government of Cambodia, 2009. The National Strategy for Green Growth [R].

Government of Mongolia, 2014. Action Plan, Green Development Policy of Mongolia [R]. https://www.greengrowthknowledge.org/sites/default/files/downloads/policy–database/MONGOLIA%29%20Action%20Plan%2C%20Green%

20Development%20Policy%20of%20Mongolia. pdf

Grace R, Turner R K, Walter I, 1978. Secondary Materials and International Trade [J]. Journal of Environmental Economics and Management, (5)2: 172-186.

Green Economy Coalition (GEC), 2011. The Green Economy Pocketbook - The case for action [DB].

Green Growth Knowledge Partnership (GGKP), 2016. . Towards a Green Economy in the Mediterranean [DB].

Gullichsen J, Fogelholm C J, 2000. Chemical Pulping. Papermaking Science and technology [M]. Book 6A . Finland: Fapet Oy. Jyvsky.

Guo L, Qu Y, Tseng M L, 2017. The interaction effects of environmental regulation and technological innovation on regional green growth performance[J]. Journal of Cleaner Production, 162: 894-902.

Hashimoto S, Nose M, Obara T, et al, 2002. Wood products: Potential carbon sequestration and impact on net carbon emissions of industrialized countries [J]. Environmental Science and Policy, 5(2): 183-193.

Heath L S, Maltby V, Miner R, et al, 2010. Greenhouse Gas and Carbon Profile of the U. S. Forest Products Industry Value Chain [J]. Environmental Science and Technology, 44(10): 3999-4005.

Heeren N, Hellweg S, 2019. Tracking Construction Material over Space and Time: Prospective and Geo - referenced Modeling of Building Stocks and Construction Material Flows [J]. Journal of Industrial Ecology, 23(1): 253-267

Hekkert, M P, Joosten L A J, Worrell E, 2000. Analysis of the paper and wood flow in The Netherlands [J]. Resources, Conservation and Recycling, 30 (1): 29-48.

Hohenthal C, Leon J, Dobon A, et al, 2019. The ISO 14067 approach to open-loop recycling of paper products: Making it operational [J]. Journal of Cleaner Production, 224: 264-274.

Holland J H, 1995. Hidden order: how adaptation builds complexity[M]. Reading: Addison-Wesley.

Holmberg J M, Gustavsson L, 2007. Biomass use in chemical and mechanical pulping with biomass-based energy supply [J]. Resources, Conservation and Recycling, 52(2): 331-350.

Hong J, Li X, 2012. Environmental assessment of recycled printing and writing paper: a case study in China [J]. Waste Management, 32(2): 264-270.

Hong J, Shen G Q, Feng Y, et al, 2015. Greenhouse gas emissions during the construction phase of a building: a case study in China [J]. Journal of Cleaner Production, 103: 249-259.

Hong J, Shi W, Wang Y, et al, 2015. Life cycle assessment of electronic waste treatment [J]. Waste Management, 38: 357-365.

Hong J L, Li X Z, 2012. Environmental assessment of recycled printing and writing paper: A case study in China [J]. Waste Management, 32: 264-270.

Hong S, Choi Y, Kim K, et al, 2011. Material flow analysis of paper in Korea. Part I. Data calculation model from the flow relationships between paper products [J]. Resources, Conservation and Recycling, 55(12): 1206-1213.

Hong, S J, Choi Y S, Kim K R, et al, 2011. Material flow analysis of paper in Korea. Part I. Data calculation model from the flow relationships between paper products [J]. Resources, Conservation and Recycling, 55(12): 1206-1213.

Hossain M U, Poon C S, Lo I M C, et al, 2016. Comparative environmental evaluation of aggregate production from recycled waste materials and virgin sources by LCA [J]. Resources, Conservation and Recycling, 109: 67-77.

Hostetler M, Noiseux K, 2010. Are green residential developments attracting environmentally savvy homeowners? [J]. Landscape and Urban Planning, 94(3-4): 234-243.

Hou G, Sun H, Jiang Z, et al, 2016. Life cycle assessment of grid-connected photovoltaic power generation from crystalline silicon solar modules in China [J]. Applied Energy, 164: 882-890.

IEA (International Energy Agency), 2007. Tracking industrial energy efficiency and CO2 emissions [R]. Paris: IEA.

International Chamber of Commerce (ICC), 2011. Green Economy Roadmap [R]. https://iccwbo.org/content/uploads/sites/3/2012/08/Green - Economy - Roadmap-a-guide-for-business_ -policy-makers-and-society.pdf

International Organization for Standardization (ISO), 2006. ISO 14040: 2006 Environmental Management-Life Cycle Assessment-Principles and Framework. https://www.iso.org/obp/ui/#iso:std:iso:14040:ed-2:v1:en

James K, 2012. An investigation of the relationship between recycling paper and card and greenhouse gas emission from land use change [J]. Resources, Conservation and Recycling, (67)10: 44-55.

Jin Y, Chen T, Chen X, et al, 2015. Life-cycle assessment of energy consumption and environmental impact of an integrated food waste-based biogas plant [J]. Applied Energy, 151: 227-236.

Kang M J, Park H, 2011. Impact of experience on government policy toward acceptance of hydrogen fuel cell vehicles in Korea [J]. Energy policy, 39(6): 3465-3475.

Kayo C, Hashimoto S, Moriguchi Y, 2012. Paper and paperboard demand and associated carbon dioxide emissions in Asia through 2050 [J]. Journal of Industrial Ecology, 16(4): 529-540.

Kim S E, Kim H, Chae Y, 2014. A new approach to measuring green growth: Application to the OECD and Korea [J]. Futures, 63: 37-48.

Kissinger M, Rees W E, 2010. An interregional ecological approach for modelling sustainability in a globalizing world - Reviewing existing approaches and emerging directions [J]. Ecological Modelling, 221(21): 2615-2623.

Kong L, Hasanbeigi A, Price L, 2016. Assessment of emerging energy-efficiency technologies for the pulp and paper industry: a technical review[J]. Journal of Cleaner Production, 122: 5-28.

Ladyman J, Lambert J, Wiesner K, 2013. What is a complex system? [J]. European Journal for Philosophy of Science, 3(1): 33-67.

Latta G S, Plantinga A J, Sloggy M R, 2015. The effects of internet use on global demand for paper products [J]. Journal of Forestry, 114(4): 433-440.

Laurijssen J, Marsidi M, Westenbroek A, et al, 2010. Paper and biomass for energy?: The impact of paper recycling on energy and CO_2 emissions [J]. Resources, Conservation and Recycling, 54(12): 1208-1218.

Leon J, Aliaga C, Boulougouris G, et al, 2015. Quantifying GHG emissions savings potential in magazine paper production: a case study on supercalendered and light-weight coated papers[J]. Journal of Cleaner Production, 103: 301-308.

Leonardi P M, Bailey D E, Diniz E H, et al, 2016. Multiplex Appropriation in

Complex Systems Implementation: The Case of Brazil's Correspondent Banking System [J]. Mis Quarterly, 40(2): 461-473.

Li J, Pan S Y, Kim H, et al, 2015. Building green supply chains in eco-industrial parks towards a green economy: Barriers and strategies [J]. Journal of Environmental Management, 162: 158-170.

Li K, Song M, 2016. Green development performance in China: a metafrontier non-radial approach [J]. Sustainability, 8(3): 219.

Li L, Pan D, Li B, et al, 2017. Patterns and challenges in the copper industry in China [J]. Resources, Conservation and Recycling, 127: 1-7.

Li Q, Ma J, 2016. Research on price Stackelberg game model with probabilistic selling based on complex system theory [J]. Communications in Nonlinear Science and Numerical Simulation, 30(1-3): 387-400.

Liang S, Zhang T, Xu Y, 2012. Comparisons of four categories of waste recycling in China's paper industry based on physical input - output life-cycle assessment model [J]. Waste Management, 32(3): 603-612.

Liao Z, Xu C, Cheng H, et al, 2018. What drives environmental innovation? A content analysis of listed companies in China [J]. Journal of Cleaner Production, 198: 1567-1573.

Lieder, M, Rashid A, 2016. Towards circular economy implementation: A comprehensive review in context of manufacturing industry [J]. Journal of Cleaner Production, (115): 36 - 51.

Lifset, R, Eckelman M, 2013. Material efficiency in a multi-material world. Philosophical Transactions [J]. Series A, Mathematical, Physical, and Engineering Sciences, 371: 2002-2012.

Lim, B, Brown S, Schlamadinger B, 1999. Carbon accounting for forest harvesting and wood products: Review and evaluation of different approaches [J]. Environmental Science and Policy, 2(2): 207-216.

Lin B, Benjamin N I, 2017. Green development determinants in China: A non-radial quantile outlook [J]. Journal of Cleaner Production, 162: 764-775.

Lin B, Moubarak M, 2014. Estimation of energy saving potential in China's paper industry [J]. Energy, 65: 182-189.

Loiseau E, Saikku L, Antikainen R, et al, 2016. Green economy and related concepts: An overview [J]. Journal of Cleaner Production, 139: 361-371.

Longo S, Beccali M, Cellura M, et al, 2020. Energy and environmental life-cycle impacts of solar-assisted systems: The application of the tool "ELISA" [J]. Renewable Energy, 145: 29-40.

M'hamdi A I, Kandri N I, Zerouale A, et al, 2017. Life cycle assessment of paper production from treated wood [J]. Energy Procedia, 128: 461-468.

Ma X, Shen X, Qi C, et al, 2018. Energy and carbon coupled water footprint analysis for Kraft wood pulp paper production [J]. Renewable and Sustainable Energy Reviews, 96: 253-261.

Maciejczak M, 2017. Bioeconomy as a complex adaptive system of sustainable development [J]. Marketing, 2(2): 7-10.

Man Y, Han Y, Li J, et al, 2019. Life cycle energy consumption analysis and green manufacture evolution for the papermaking industry in China [J]. Green Chemistry, 21(5): 1011-1020.

Manda B K, Blok K, Patel M K, 2012. Innovations in papermaking: An LCA of printing and writing paper from conventional and high yield pulp [J]. Science of the Total Environment, 439: 307-320.

Manda B M K, Blok K, Patel M K, 2012. Innovations in papermaking: An LCA of printing and writing paper from conventional and high yield pulp [J]. Science of the Total Environment, 439(11): 307-320.

Manesh S V, Tadi M, Zanni F, 2012. Integrated Sustainable Urban Design: Neighbourhood design proceeded by sustainable urban morphology emergence [J]. WIT Transactions on Ecology and the Environment, 155: 631-642.

Martin N, Anglani N, Einstein D, et al, 2000. Opportunities to Improve Energy Efficiency and Reduce Greenhouse Gas Emissions in the U. S. Pulp and Paper Industry (July). https: //doi. org/10. 2172/767608. Berkeley, CA, USA: Ernest Orlando Lawrence Berkeley National Laboratory.

Mathews J A, 2012. Green growth strategies—Korean initiatives [J]. Futures, 44 (8): 761-769.

Mayer F, Bhandari R, Gäth S, 2019. Critical review on life cycle assessment of conventional and innovative waste-to-energy technologies [J]. Science of the Total Environment, 672: 708-721.

McCarthy P, Lei L, 2010. Regional demands for pulp and paper products [J]. Journal of Forest Economics, 16(2): 127-144.

Merrild H, Damgaard A, Christensen T H, 2008. Life cycle assessment of waste paper management: The importance of technology data and system boundaries in assessing recycling and incineration [J]. Resources, Conservation and Recycling, 52(12): 1391-1398.

Middleton C, Allouche J, Gyawali D, et al, 2015. The rise and implications of the water-energy-food nexus in Southeast Asia through an environmental justice lens [J]. Water Alternatives, 8(1): 627-654.

Mimoso A F, Carvalho A, Mendes A N, et al, 2015. Roadmap for Environmental Impact Retrofit in chemical processes through the application of Life Cycle Assessment methods [J]. Journal of Cleaner Production, 90: 128-141.

Möllersten K, Yan J, Westermark M, 2003. Potential and cost-effectiveness of CO_2 reductions through energy measures in Swedish pulp and paper mills [J]. Energy, 28(7): 691-710.

Monte M C, Fuente E, Blanco A, et al, 2009. Waste management from pulp and paper production in the European Union [J]. Waste Management, 29(1): 293-308.

Morera S, Corominas L, Poch M, et al, 2016. Water footprint assessment in wastewater treatment plants [J]. Journal of Cleaner Production, 112: 4741-4748.

Mourad A L, da Silva H L G, Nogueira J C B, 2014. Life cycle assessment of cellulose packaging materials production: folding box board and kraftliner paper [J]. The International Journal of Life Cycle Assessment, 19(4): 968-976.

Müller D B, Bader H P, Baccini P, 2004. Long - term coordination of timber production and consumption using a dynamic material and energy flow analysis [J]. Journal of Industrial Ecology, 8(3): 65-88.

Murakami S, Oguchi M, Tasaki T, et al, 2010. Life span of commodities, partI [J]. Journal of Industrial Ecology, 14(4): 598-612.

NDRC (National Development and Reform Commission), MIIT (Ministry of Industry and Information Technology), NBF (National Bureau of Forest), 2011. Development plan for paper industry in the 12th five-year period (2011-2015)

[R]. Beijing.

Noiseux K, Hostetler M E, 2010. Do homebuyers want green features in their communities? [J]. Environment and Behavior, 42(5): 551-580.

Notarnicola B, Tassielli G, Renzulli P A, et al, 2017. Environmental impacts of food consumption in Europe [J]. Journal of Cleaner Production, 140: 753-765.

OECD (Organization for Economic Cooperation and Development), 2015. Municipal waste, generation and treatment [R]. https: //stats. oecd. org/Index. aspx? DataSetCode=MUNW. Accessed 5 October 2015.

Olivetti E A, Gaustad G G, Field F R, et al, 2011. Increasing Secondary and Renewable Material Use: A Chance Constrained Modeling Approach To Manage Feedstock Quality Variation [J]. Environmental Science and Technology, 45 (9): 4118-4126.

Ollikainen M, 2014. Forestry in bioeconomy-smart green growth for the humankind [J]. Scandinavian Journal of Forest Research, 29(4): 360-366.

Organisation for Economic Co-operation and Development (OECD), 2011. Towards green growth: A summarg for policy makers [R]. http: //www. oecd. org/greengrowth/48012345. pdf

Perfetto M C, Vargas-Sánchez A, Presenza A, 2016. Managing a complex adaptive ecosystem: Towards a smart management of industrial heritage tourism [J]. Journal of Spatial and Organizational Dynamics, 4(3): 243-264.

Pintilie L, Torres C M, Teodosiu C, et al, 2016. Urban wastewater reclamation for industrial reuse: An LCA case study [J]. Journal of Cleaner Production, 139: 1-14.

Plsek P E, Greenhalgh T, 2001. The challenge of complexity in health care [J]. Bmj, 323(13): 625-628.

Pretty J, 2013. The consumption of a finite planet: well-being, convergence, divergence and the nascent green economy [J]. Environmental and Resource Economics, 55(4): 475-499. [1]

Qu X, Yuan X, 2008, The panel co integration analysis on energy use of industry sector in China-Based on the 10 high energy use industry [J]. Indust. Econ Res, 37, 10-15.

Reilly J M, 2012. Green growth and the efficient use of natural resources [J]. Energy Economics, 34: 85-93.

Resnick D, Tarp F, Thurlow J, 2012. The political economy of green growth: Cases from Southern Africa [J]. Public Administration and Development, 32 (3): 215-228.

Rind D, 199. Complexity and climate [J]. Science, 284(5411): 105-107.

Rivera J A, López V P, R R Casado R R, Hervás J-M S, 2016. Thermal degradation of paper industry wastes from a recovered paper mill using TGA. Characterization and gasification test [J]. Waste Management, (47): 220-225.

Roberts D, Boon R, Diederichs N, et al, 2012. Exploring ecosystem-based adaptation in Durban, South Africa: "learning-by-doing" at the local government coal face [J]. Environment and Urbanization, 24(1): 167-195.

Rodrik D, 2014. Green industrial policy [J]. Oxford Review of Economic Policy, 30(3): 469-491.

Roundy P T, Bradshaw M, Brockman B K, 2018. The emergence of entrepreneurial ecosystems: A complex adaptive systems approach [J]. Journal of Business Research, 86: 1-10.

Ruth M, Davidsdottir B, Amato A, 2004. Climate change policies and capital vintage effects: the cases of US pulp and paper, iron and steel, and ethylene [J]. Journal of Environmental Management, 70(3): 235-252.

Ruth M, Davidsdottir B, Laitner S, 2000. Impacts of market-based climate change policies on the US pulp and paper industry [J]. Energy Policy, (28): 259-270.

Santos A, Barbosa-Póvoa A, Carvalho A, 2018. Life cycle assessment of pulp and paper production - A Portuguese case study [M]. Computer Aided Chemical Engineering. Elsevier, 43: 809-814.

Sanyé-Mengual E, Oliver-Solà J, Montero J I, et al, 2015. An environmental and economic life cycle assessment of rooftop greenhouse (RTG) implementation in Barcelona, Spain. Assessing new forms of urban agriculture from the greenhouse structure to the final product level [J]. The International Journal of Life Cycle Assessment, 20(3): 350-366.

Scarlat N, Dallemand J F, Monforti-Ferrario F, et al, 2015. The role of biomass and bioenergy in a future bioeconomy: Policies and facts [J]. Environmental Development, 15: 3-34.

Schaubroeck T, De Clippeleir H, Weissenbacher N, et al, 2015. Environmental sustainability of an energy self-sufficient sewage treatment plant: improvements through DEMON and co-digestion [J]. Water Research, 74: 166-179.

Schenk N J, Moll H C, Potting J, 2004. The nonlinear relationship between paper recycling and primary pulp requirements: modeling paper production and recycling in Europe [J]. Journal of Industrial Ecology, 8(3): 141-162.

Schenk N J, Moll H C, Potting J, 2004. The Nonlinear Relationship between Paper Recycling and Primary Pulp Requirements Modeling Paper Production and Recycling in Europe [J]. Journal of Industrial Ecology, (3): 141-161.

Schmalensee R, 2012. From "Green Growth" to sound policies: An overview [J]. Energy Economics, 34: S2-S6.

Schroeder W W, Sweeney R E, Alfeld L E, 1975. Readings in urban dynamics (Vol. 2) [M]. Cambridge, MA : Wright-Allen Press.

Sebastião D, Gonçalves M S, Marques S, et al, 2016. Life cycle assessment of advanced bioethanol production from pulp and paper sludge [J]. Bioresource Technology, 208: 100-109.

Sevigné-Itoiz E, Gasol C M, Rieradevall J, et al. Methodology of supporting decision-making of waste management with material flow analysis (MFA) and consequential life cycle assessment (CLCA): case study of waste paper recycling [J]. Journal of Cleaner Production, 2015, 105: 253-262.

Silva D A L, Pavan A L R, de Oliveira J A, et al, 2015. Life cycle assessment of offset paper production in Brazil: hotspots and cleaner production alternatives [J]. Journal of Cleaner Production, 93: 222-233.

Skog K E, Rosen H N, 1997. United States wood biomass for energy and chemicals: possible changes in supply, end uses, and environmental impacts [J]. Forest Products Journal, 47(2): 63.

Song C U, Oh W, 2015. Determinants of innovation in energy intensive industry and implications for energy policy [J]. Energy Policy, 81: 122-130.

Stawicki B, Read B, 2010. The future of paper recycling in Europe: Opportunities and limitations [R]. Final report of the COST Action E48. Dorset, UK: The

Paper Industry Technical Association (PITA).

Stenqvist C, 2015. Trends in energy performance of the Swedish pulp and paper industry: 1984 - 2011 [J]. Energy Efficiency, 8(1): 1-17.

Sun C, 2015. An investigation of China's import demand for wood pulp and wastepaper [J]. Forest Policy and Economics, 61: 113-121.

Sun M, Wang Y, Shi L, et al, 2018. Uncovering energy use, carbon emissions and environmental burdens of pulp and paper industry: A systematic review and meta-analysis [J]. Renewable and Sustainable Energy Reviews, 92: 823-833.

Sun M, Wang Y, Shi L, 2018. Environmental performance of straw-based pulp making: A life cycle perspective [J]. Science of The Total Environment, 616: 753-762.

Szabó L, Hidalgo I, Císcar J C, et al, 2003. Energy consumption and CO2 emissions from the world cement industry [R]. European Commission Joint Research Centre, Report EUR, 20769.

Szabó L, Soria A, Forsström J, et al, 2009. A world model of the pulp and paper industry: Demand, energy consumption and emission scenarios to 2030 [J]. Environmental Science and Policy, 12(3): 257-269.

Szabó L, Soria A, Forsström J, et al, 2009. A world model of the pulp and paper industry: Demand, energy consumption and emission scenarios to 2030 [J]. Environmental Science and Policy, 12(3): 257-269.

Teixeira E R, Mateus R, Camoes A F, et al, 2016. Comparative environmental life-cycle analysis of concretes using biomass and coal fly ashes as partial cement replacement material [J]. Journal of Cleaner Production, 112: 2221-2230.

Urhammer E, Røpke I, 2013. Macroeconomic narratives in a world of crises: An analysis of stories about solving the system crisis [J]. Ecological Economics, 96: 62-70.

Van Ewijk S, Stegemann J A, Ekins P, 2018. Global life cycle paper flows, recycling metrics, and material efficiency [J]. Journal of Industrial Ecology, 22 (4): 686-693.

Van Vuuren D P, Stehfest E, Gernaat D E H J, et al, 2017. Energy, land-use and greenhouse gas emissions trajectories under a green growth paradigm [J].

Global Environmental Change, 42: 237-250.

Villanueva A, Wenzel H, 2007. Paper waste - recycling, incineration or landfilling? A review of existing life cycle assessments [J]. Waste Management, 27(8): 29-46.

Virtanen Y, Nilsson S, 1993. Environmental impacts of waste paper recycling [R]. Laxenburg, Austria: International Institute for Applied System Analysis.

Wang J, Yuan J, Xiao F, et al, 2018. Performance investigation and sustainability evaluation of multiple-polymer asphalt mixtures in airfield pavement [J]. Journal of Cleaner Production, 189: 67-77.

Wang M X, Zhao H H, Cui J X, et al, 2018. Evaluating green development level of nine cities within the Pearl River Delta, China [J]. Journal of Cleaner Production, 174: 315-323.

Wang Y, Yang X, Sun M, et al, 2016. Estimating carbon emissions from the pulp and paper industry: A case study [J]. Applied Energy, 184: 779-789.

Wanner T, 2015. The new 'passive revolution' of the green economy and growth discourse: Maintaining the 'sustainable development' of neoliberal capitalism [J]. New Political Economy, 20(1): 21-41.

Whitesides G M, Ismagilov R F, 1999. Complexity in chemistry [J]. Science, 284(5411): 89-92.

World Bank, 2011. From Growth to Green Growth-a Framework.

World Bank, 2012. Inclusive Green Growth-The Pathway to Sustainable Development.

Xie M, Wang J, Chen K, 2016. Coordinated development analysis of the "resources- environment-ecology-economy-society" complex system in China [J]. Sustainability, 8(6): 582.

Yang Q, Wan X, Ma H, 2015. Assessing green development efficiency of municipalities and provinces in China integrating models of super-efficiency DEA and malmquist index [J]. Sustainability, 7(4): 4492-4510.

Yi H, Liu Y, 2015. Green economy in China: Regional variations and policy drivers [J]. Global Environmental Change, 31: 11-19.

Zaimes G G, Hubler B J, Wang S, et al, 2015. Environmental life cycle perspective on rare earth oxide production [J]. ACS Sustainable Chemistry and Engineering, 3(2): 237-244.

Zeb R, Salar L, Awan U, et al, 2014. Causal links between renewable energy, environmental degradation and economic growth in selected SAARC countries: Progress towards green economy [J]. Renewable Energy, 71: 123-132.

Zhang S, Andrews-Speed P, Zhao X, et al, 2013. Interactions between renewable energy policy and renewable energy industrial policy: A critical analysis of China's policy approach to renewable energies [J]. Energy Policy, 62: 342-353.

Zhang Y, Sun M, Hong J, et al, 2016. Environmental footprint of aluminum production in China [J]. Journal of Cleaner Production, 133: 1242-1251.

附 录

1 LCA的仿真程序

```
'logmode all e l p shideprogline'数据日志窗口
tic
cd "C:\Users\Administrator\Desktop\仿真程序"
wfopen(wf=wp, page=wp1) chn_data.xlsx range="inputH"
'*******************************
'变量说明
'1 新闻纸
'NPP= 新闻纸产量(t)
'NPRI= 新闻纸进口(t)
'NPIE= 新闻纸进口额(1000US)
'NPX= 新闻纸出口量(t)
'NPXE= 新闻纸出口额(1000US)
'NPC= 新闻纸消费量(t)
'2 印刷书写纸
'PWP= 印刷书写纸产量 (t)
'PWI= 印刷书写纸进口量(t)
'PWIE= 印刷书写纸进口额(1000US)
'PWX= 印刷书写纸出口量(t)
'PWXE= 印刷书写纸出口额(1000US)
'PWC= 书写纸消费量(t)
'3 卫生纸
'SHP= 卫生纸产量(t)
'SHI= 卫生纸进口量(t)
```

'SHIE = 卫生纸进口额(1000US)
'SHX = 卫生纸出口量(t)
'SHXE = 卫生纸出口额(1000US)
'SHC = 卫生纸消费量(t)
'4 包装纸
'PKP = 包装纸产量(t)
'PKI = 包装纸进口量(t)
'PKIE = 包装纸进口额(1000US)
'PKX = 包装纸出口量(t)
'PKXE = 包装纸出口额(1000US)
'PKC = 包装纸消费量(t)
'5 其他纸制品
'OPP = 其他纸制品产品(t)
'OPI = 其他纸制品进口量(t)
'OPIE = 其他纸制品进口额(1000US)
'OPX = 其他纸制品出口量(t)
'OPXE = 其他纸制品出口额(1000US)
'OPC = 其他纸制品消费量(t)
'TPC = 纸制品总消费量(t)
'* *
'纸浆结构
'1 废纸
'RPP = 废纸回收量(t)
'RPI = 废纸进口量(t)
'RPIE = 废纸进口额(1000US)
'RPX = 废纸出口量(t)
'RPXE = 废纸出口额(1000US)
'RPC = 废纸总消费量(t)
'RPFC = 再生木浆消费量(t)
'2 化木浆
'CPP = 化学木浆产量(t)
'CPI = 化学木浆进口量(t)

'CPIE= 化学木浆进口额(1000US)

'CPX= 化学木浆出口量(t)

'CPXE= 化学木浆出口额(1000US)

'CPC= 化学木浆总消费量(t)

'3 机械木浆

'MPP= 机械木浆产量(t)

'MPI= 机械木浆进口量(t)

'MPIE= 机械木浆进口额(1000US)

'MPX= 机械木浆出口量(t)

'MPXE= 机械木浆出口额(1000US)

'MPC= 机械木浆总消费量(t)

'4 半化学木浆

'SCP=半化学浆产量(t)

'SCI=半化学浆进口量(t)

'SCX=半化学浆出口量(t)

'5 其他纸浆

'OFP= 其他木浆产量(t)

'OFI= 其他木浆进口量(t)

'OFIE= 其他木浆进口额(1000US)

'OFX= 其他木浆出口量(t)

'OFXE= 其他木浆出口额(1000US)

'OFC= 其他木浆总消费量(t)

'* *

'原料消耗

'Wood_ mp= 机械木浆原木消耗量(m3)

'Wood_ cp= 化学木浆原木消耗量(m3)

'MW_ MP= 机械生产剩余物

'MW_ CP= 化学生产剩余物

'MW_ RP= 再生木浆生产剩余物

'* *

'能源消耗

'* *

```
'模型参数及说明
'转换系数表(table s1)
series thet_ mp=0.93 'mechanical pulping yield ratio
series thet_ cp=0.48 'chemical pulping yield ratio
series thet_ rp=0.81 'recycled pulping yield ratio
series thet_ pm=0.95 'papermaking yied ratio
series NAS=0.09'addition to stock as fraction of consumption
series RW_ er=0.12'energy recovery as fraction of residual waste
series RW_ inc=0.08'incineration as fraction of residual wate (without energy recovery)
series IW_ lf=0.06'landfill of industrial waste in tonne/tonne production
series IW_ ner=0.06'non-energy recovery of industrial waste in tonne/tone production
series TP=0.03'toilet paper as fraction of consumption

'********************************
'能源消耗参数
'产品化学木浆机械木浆废纸浆造纸
'热能消耗(GJ/t)22.20.46.9
'电能消耗(kWh/t)7802200390760
'********************************
'能源产出参数
'产品化学木浆机械木浆废纸浆废纸焚烧木材焚烧
'热能产出(GJ/t)22.25.40.42
'电能产出(kWh/t)246312001750
'********************************
'CO2 产出
'********************************
'电能 CO2 产出(kg/kWh)0.61
'热能 CO2 产出(kg/GJ)105.1
'********************************
SCP.ipolate(cr) SCP_ f
```

```
SCP=SCP_ f

'时间设定
genr tcen=1'能源消耗变化趋势
genr tpen=1'能源生产变化趋势
genr tco2=1'单位能源 CO2 变化趋势
'模拟流程
'Step1：不包含森林资源
'Step2：不包含森林资源 and 能源消耗从 2000 到 2030 降低 30%
'Step3：    包含森林资源
'Step4：    包含森林资源 and 能源消耗从 2000 到 2030 降低 30%
'-----------------------------------------
'模拟次数：2000 次
'模拟场景：悲观、基准和乐观
'==================================================
'**是否包含森林资源**                                              |
! forest=1'0：不包含；1：包含森林资源                               |
'**是否调整能源系数**                                              |
! s=1'0：不调整；1：调整                                            |
'**目标设定**                                                      |
! cena=0.7'能源消耗目标(基期年份的 70%，<1)                         |
! pena=1.1                 '能源收拾的目标(基期年份的 110%，>1)      |
! co2a=0.8                 '单位能源 CO2(基期年份的 80%，<1)        |
'年均变化率                                                        |
! start=2000'基期年份                                               |
! end=2030'结束年份                                                 |
'**模拟次数设定**                                                  |
scalar n=2000'模拟次数                                              |
'==================================================
! years=! end-! start'年数
if ! s=1 then'没有趋势变化
! cenr=@pow(! cena，1/! years)
```

```
! penr=@pow(! pena, 1/! years)
! co2r=@pow(! co2a, 1/! years)
smpl ! start ! end
genr tr=@trend-(! start-1970)
tcen=! cenr^tr
tpen=! penr^tr
tco2=! co2r^tr
endif

smpl 1996 @last
'能源消耗
genr IT_ CP=22.2 * tcen'生产化学木浆消耗热能(GJ/t)
genr IT_ MP=0 * tcen'生产机械木浆消耗热能(GJ/t)
genr IT_ RP=0.4 * tcen'生产再生木浆消耗热能(GJ/t)
genr IT_ PM=6.9 * tcen'生产纸制品消耗热能(GJ/t)

genr IE_ CP=780 * tcen'生产化学木浆消耗电能(kWh/t)
genr IE_ MP=2200 * tcen'生产机械木浆消耗电能(kWh/t)
genr IE_ RP=390 * tcen'生产再生木浆消耗电能(kWh/t)
genr IE_ PM=760 * tcen'生产纸制品消耗电能(kWh/t)

'能源生产
genr OT_ CP=22.2 * tpen'生产化学木浆产生热能(GJ/t)
genr OT_ MP=5.4 * tpen'生产机械木浆产生热能(GJ/t)
genr OT_ RP=0.42 * tpen'生产再生木浆产生热能(GJ/t)
genr OT_ RI=0 * tpen'废纸焚烧产生热能(GJ/t)
genr OT_ WD=0 * tpen'木材焚烧产生热能(GJ/t)

genr OE_ CP=1580 * tpen'生产化学木浆产生电能(kWh/t)
genr OE_ MP=0 * tpen'生产机械木浆产生电能(kWh/t)
genr OE_ RP=0 * tpen'生产再生木浆产生电能(kWh/t)
genr OE_ RI=1200 * tpen'废纸焚烧产生电能(kWh/t)
```

```
genr OE_ WD=1750 * tpen'木材焚烧产生电能(kWh/t)

'CO2 计算参数
genr CO2E=0.61 * tco2'1kWh 电能产生的 CO2(kg)
genr CO2T=105.1 * tco2'1GJ 热能产生的 CO2(kg)
genr CO2W=1830 * tco2'单位原木碳含量：kg CO2 * e/m3
genr IEW=0.7 * tco2'森林培育、砍伐、切片过程单位能源消耗 GJ/m3
'* * * * * * * * * * * * * * * * * * * * * * * * * * * * * * * * *
genr OFC=OFP+OFI-OFX'其他纤维原料(外生)
'* * * * * * * * * * * * * * * * * * * * * * * * * * * * * * * * *
'* * * * * * * * * * * * * * * * * * * * * * *
'1 纸浆结构计算
'* * * * * * * * * * * * * * * * * * * * * * *
genr RPC_ R=RPP+RPI-RPX                                    '实际废纸
消费量
genr RPFC_ R=RPC_ R * thet_ rp                                  '实际
废纸浆消费量
genr CPC_ R=(CPP+CPI-CPX)+0.5 * (SCP+SCI-SCX)+(OFP+OFI-OFX)'化
学浆实际消费量
' 化学木浆   半化学木浆其他类型纸浆(草浆及其他)
genr MPC_ R=(MPP+MPI-MPX)+0.5 * (SCP+SCI-SCX)'机械木浆
' 机械木浆   半化学木浆
genr TFC = RPFC_ R + CPC_ R + MPC_ R                         '纸浆总消
费量
'  再生木浆 化学木浆 机械木浆
genr Fra_ RP=RPFC_ R/TFC                                   '再生木浆
比例
genr Fra_ CP=CPC_ R/TFC                                    '化学木浆
比例
genr Fra_ MP=MPC_ R/TFC                                    '机械木浆
比例
genr Fra_ OF=OFC/TFC                                   '其他纤维比例
```

```
group gpulp Fra_ RP Fra_ CP Fra_ MP
freeze(gf_ pulp) gpulp. area(s)

'* * * * * * * * * * * * * * * * *
'2 纸制品比例结构
'* * * * * * * * * * * * * * * * *
genr TPP_ R=NPP+PWP+SHP+PKP+OPP                    '实际纸制品产量
genr Fra_ NP=NPP/TPP_ R                            '实际新闻纸比例
genr Fra_ PW=PWP/TPP_ R                            '实际印刷书写用纸比例
genr Fra_ SH=SHP/TPP_ R                            '实际卫生纸比例
genr Fra_ PK=PKP/TPP_ R                            '实际包装纸比例
genr Fra_ OP=OPP/TPP_ R                            '实际其他纸制品比例
group gpaper Fra_ NP Fra_ PW Fra_ SH Fra_ PK Fra_ OP
freeze(gf_ paper) gpaper. area(s)
graph ggf_ pulp_ paper. merge gf_ pulp gf_ paper
ggf_ pulp_ paper. align(2, 1, 1)
delete gf_ pulp gf_ paper

'* * * * * * * * * * * * * * * *
'3 投入产出比例
'* * * * * * * * * * * * * * * *
'* * * * * * * * * * * * * * * * * * * * * * * * * * * * * * * * *
'比例系数
'Facttions inputs in five main garades of paper (table2)
'IO_ RN'recycled pulp - newprint
'IO_ RW'recycled pulp - print + wrinting
'IO_ RS 'recycled pulp - sanitary +household
'IO_ RP 'recycled pulp - packaging
'IO_ RO 'recycled pulp - other
'IO_ CN'chemical pulp - newprint
```

```
'IO_ CW 'chemical pulp - print + wrinting
'IO_ CS'chemical pulp - sanitary +household
'IO_ CP'chemical pulp - packaging
'IO_ CO'chemical pulp - other
'IO_ MN'mechanical pulp - newprint
'IO_ MW'mechanical pulp - print + wrinting
'IO_ MS'mechanical pulp - sanitary +household
'IO_ MP'mechanical pulp - packaging
'IO_ MO'mechanical pulp - other
'IO_ NN'non-fibrous - newprint
'IO_ NW'non-fibrous - print + wrinting
'IO_ NS'non-fibrous - sanitary +household
'IO_ NP'non-fibrous - packaging
'IO_ NO'non-fibrous - other

'Fraction of inputs in five main grades of paper
'再生木浆
genr IO_ RNs=Fra_ RP * Fra_ NP/0.95
genr IO_ RWs=Fra_ RP * Fra_ PW/0.95
genr IO_ RSs=Fra_ RP * Fra_ SH/0.95
genr IO_ RPs=Fra_ RP * Fra_ PK/0.95
genr IO_ ROs=Fra_ RP * Fra_ OP/0.95
'化学木浆
genr IO_ CN=0
genr IO_ CWs=Fra_ CP * Fra_ PW/0.95
genr IO_ CSs=Fra_ CP * Fra_ SH/0.95
genr IO_ CPs=Fra_ CP * Fra_ PK/0.95
genr IO_ COs=Fra_ CP * Fra_ OP /0.95
'机械木浆
genr IO_ MNs=Fra_ MP * Fra_ NP/0.95
genr IO_ MW=0
genr IO_ MS=0
```

```
genr IO_ MPs=Fra_ MP * Fra_ PK/0.95
genr IO_ MO=0
'非木质纤维
genr IO_ NN=0.1
genr IO_ NW=0.3
genr IO_ NS=0
genr IO_ NP=0.1
genr IO_ NO=0.23
'标准化
'Newsprint
genr IO_ RN=IO_ RNs/(IO_ RNs+IO_ CN+IO_ MNs) * (1-IO_ NN)
genr IO_ MN=IO_ MNs/(IO_ RNs+IO_ CN+IO_ MNs) * (1-IO_ NN)
group g_ N IO_ RN IO_ CN IO_ MN IO_ NN
freeze(gf_ ION) g_ N.area(s)
'printing and writing
genr IO_ RW=IO_ RWs/(IO_ RWs+IO_ CWs+IO_ MW) * (1-IO_ NW)
genr IO_ CW=IO_ CWs/(IO_ RWs+IO_ CWs+IO_ MW) * (1-IO_ NW)
group g_ W IO_ RW IO_ CW IO_ MW IO_ NW
freeze(gf_ IOW) g_ W.area(s)
'Sanitary and household
genr IO_ RS=IO_ RSs/(IO_ RSs+IO_ CSs+IO_ MS) * (1-IO_ NS)
genr IO_ CS=IO_ CSs/(IO_ RSs+IO_ CSs+IO_ MS) * (1-IO_ NS)
group g_ S IO_ RS IO_ CS IO_ MS IO_ NS
freeze(gf_ IOS) g_ S.area(s)
'packaging
genr IO_ RP=IO_ RPs/(IO_ RPs+IO_ CPs+IO_ MPs) * (1-IO_ NP)
genr IO_ CP=IO_ CPs/(IO_ RPs+IO_ CPs+IO_ MPs) * (1-IO_ NP)
genr IO_ MP=IO_ MPs/(IO_ RPs+IO_ CPs+IO_ MPs) * (1-IO_ NP)
group g_ p IO_ RP IO_ CP IO_ MP IO_ NP
freeze(gf_ IOP) g_ P.area(s)
'Other
genr IO_ RO=IO_ ROs/(IO_ ROs+IO_ COs+IO_ MO) * (1-IO_ NO)
```

```
genr IO_ CO=IO_ COs/(IO_ ROs+IO_ COs+IO_ MO) * (1-IO_ NO)
group g_ o IO_ RO IO_ CO IO_ MO IO_ NO
freeze(gf_ IOO) g_ O. area(s)
delete IO_ RNs IO_ RWs IO_ RSs IO_ RPs IO_ ROs IO_ CWs IO_ CSs IO_
CPs IO_ MNs IO_ MPs
graph gf_ IO. merge gf_ ION gf_ IOW gf_ IOS gf_ IOP gf_ IOO
gf_ IO. axis(1) range(0, 1)
gf_ IO. align(3, 1, 1)
delete gf_ ION gf_ IOW gf_ IOS gf_ IOP gf_ IOO

table tbIO
tbIO(1, 1)="Fraction of inputs in five main grades of paper"
tbIO. setmerge(1, 1, 1, 2)
tbIO(2, 1)="input"
tbIO(3, 1)="Recycled pulp"
tbIO(4, 1)="Chemical pulp"
tbIO(5, 1)="Mechanical pulp"
tbIO(6, 1)="Non-fibrous"
tbIO(2, 2)="Newsprint"
tbIO(3, 2)=@mean(IO_ RN)
tbIO(4, 2)="-"
tbIO(5, 2)=@mean(IO_ MN)
tbIO(6, 2)=0. 10
tbIO(2, 3)="printing and writing"
tbIO(3, 3)=@mean(IO_ RW)
tbIO(4, 3)=@mean(IO_ CW)
tbIO(5, 3)="-"
tbIO(6, 3)=0. 30
tbIO(2, 4)="Sanitary and household"
tbIO(3, 4)=@mean(IO_ RS)
tbIO(4, 4)=@mean(IO_ CS)
tbIO(5, 4)="-"
```

```
tbIO(6, 4)="-"
tbIO(2, 5)="packaging"
tbIO(3, 5)=@mean(IO_ RP)
tbIO(4, 5)=@mean(IO_ CP)
tbIO(5, 5)=@mean(IO_ MP)
tbIO(6, 5)=0.1
tbIO(2, 6)="Other"
tbIO(3, 6)=@mean(IO_ RO)
tbIO(4, 6)=@mean(IO_ CO)
tbIO(5, 6)="-"
tbIO(6, 6)=0.23

tbIO.setwidth(1: 6) 20
tbIO.setlines(2, 1, 2, 6) t b
tbIO.setlines(6, 1, 6, 6) b
tbIO.setformat(@all) f.4
tbIO.setjust(3, 1, 6, 1) l
'*******************************
'模拟模型
'********
model mod1
'*******************************
'1 废纸需求
mod1.append NPP_ rp=NPP*IO_ RN'F11: 废纸新闻纸产量
mod1.append PWP_ rp=PWP*IO_ RW'F12: 废纸印刷书写产量
mod1.append SHP_ rp=SHP*IO_ RS'F13: 废纸卫生纸产量
mod1.append PKP_ rp=PKP*IO_ RP'F14: 废纸包装纸产量
mod1.append OPP_ rp=OPP*IO_ RO'F15: 废纸其他纸产量
mod1.append TRPP=NPP_ rp+PWP_ rp+SHP_ rp+PKP_ rp+OPP_ rp'废纸浆纸制品产量
mod1.append RPFC=TRPP/thet_ pm'F9:    废纸浆消费量(产量+进口-出口)
mod1.append PRO_ rp=RPFC*(1-thet_ pm)'F16: paper for recycling(out)
```

```
'*********************************
'2 化学木浆需求
mod1.append NPP_ cp=NPP*IO_ CN'F17：化学木浆新闻纸产量
mod1.append PWP_ cp=PWP*IO_ CW'F18：化学木浆印刷书写纸产量
mod1.append SHP_ cp=SHP*IO_ CS'F19：化学木浆卫生纸产量
mod1.append PKP_ cp=PKP*IO_ CP'F20：化学木浆包装纸产量
mod1.append OPP_ cp=OPP*IO_ CO'F21：化学木浆其他纸制品产量
mod1.append TCPP=NPP_ cp+PWP_ cp+SHP_ cp+PKP_ cp+OPP_ cp'化学木浆纸制品总产量
mod1.append CPC=TCPP/thet_ pm'F7：   化学木浆消费量(产量+进口-出口)
mod1.append PRO_ cp=CPC*(1-thet_ pm)'F22：paper for recycling(out)
'*********************************
'3 机械木浆需求
mod1.append NPP_ mp=NPP*IO_ MN'F23：机械木浆新闻纸产量
mod1.append PWP_ mp=PWP*IO_ MW'F24：机械木浆印刷书写纸产量
mod1.append SHP_ mp=SHP*IO_ MS'F25：机械木浆卫生纸产量
mod1.append PKP_ mp=PKP*IO_ MP'F26：机械木浆包装纸产量
mod1.append OPP_ mp=OPP*IO_ MO'F27：机械木浆其他纸制品产量
mod1.append TMPP=NPP_ mp+PWP_ mp+SHP_ mp+PKP_ mp+OPP_ mp'机械木浆纸制品总产量
mod1.append MPC=TMPP/thet_ pm'F5：   机械木浆消费量(产量+进口-出口)
mod1.append PRO_ mp=MPC*(1-thet_ pm)'F28：paper for recycling(out)
'*********************************
'4 非木质纤维需求
mod1.append NPP_ nf=NPP*IO_ NN'F29：
mod1.append PWP_ nf=PWP*IO_ NW'F30：
mod1.append SHP_ nf=SHP*IO_ NS'F31：
mod1.append PKP_ nf=PKP*IO_ NP'F32：
mod1.append OPP_ nf=OPP*IO_ NO'F33：
mod1.append PRO_ nf=(NPP_ nf+PWP_ nf+SHP_ nf+PKP_ nf+OPP_ nf)*(1-thet_ pm)/thet_ pm'F34：paper fo recycling(out)
```

```
'* * * * * * * * * * * *
'造纸产业原料
'* * * * * * * * * * * *
'* * * * * * * * * * * * * * * * * * * * * * * * * * * * * * * *
'原料消耗
mod1. append wood_ mp=MPC/thet_ mp'F1：机械木浆原木消耗量(t)
mod1. append wood_ cp=(CPC-OFC)/thet_ cp'F2：化学木浆原木消耗量(t)
mod1. append wood=wood_ mp+wood_ cp'F0：原木消耗总量
mod1. append OFR=OFC/thet_ cp'F3：其他纤维消耗量(t)
mod1. append RPC=RPFC/thet_ rp'F4：废纸消耗量(t)(产量+进口-出口)
'* * * * * * * * * * * * * * * * * * * * * * * * * * * * * * * *
'造纸纤维原料
'加工废弃物
mod1. append MW_ mp=wood_ mp * (1-thet_ mp)'F6：机械木浆加工废弃物
mod1. append MW_ cp=(wood_ cp+OFR) * (1-thet_ cp)'F8：化学木浆加工废弃物
mod1. append MW_ rp=RPC * (1-thet_ mp)'F10：再生木浆加工废弃物
'* * * * * * * * * * * * * * * * * * * * * * * * * * * * * * * *
'* * * * * * * * * * * * * * * *
'纸制品消费及处理
'* * * * * * * * * * * * * * * *
'* * * * * * * * * * * * * * * * * * * * * * * * * * * * * * * *
'1 纸制品消费
mod1. append NPC=NPP+NPI-NPX'F35：新闻纸消费量
mod1. append PWC=PWP+PWI-PWX'F36：印刷书写用纸消费量
mod1. append SHC=SHP+SHI-SHX'F37：卫生纸消费量
mod1. append PKC=PKP+PKI-PKX'F38：包装纸消费量
mod1. append OPC=OPP+OPI-OPX'F39：其他纸制品消费量
mod1. append TPC=NPC+PWC+SHC+PKC+OPC  'FC：纸制品总消费量
mod1. append TPP=NPP+PWP+SHP+PKP+OPP  '纸制品总产量
'* * * * * * * * * * * * * * * * * * * * * * * * * * * * * * * *
'2 纸制品处理
```

mod1. append STK=TPC * NAS'F40：纸制品存储
mod1. append RCO=RPC-PRO_ rp-PRO_ cp-PRO_ mp-PRO_ nf'F41：用于生产的废纸
mod1. append EGR=(TPC-STK-RCO) * RW_ er'F43：能源回收
mod1. append INC=(TPC-STK-RCO) * RW_ inc'F44：焚烧
mod1. append NER=TPC * TP * 0.5 * (1-RW_ er-RW_ inc)'F45：非能源回收
mod1. append LDF=TPC-STK-RCO-EGR-INC-NER'F42：填埋
'* *
' 造纸过程废弃物
mod1. append MW_ ldf=TPC * IW_ lf'F46 Mill waste landfill
mod1. append MW_ ner=TPC * IW_ ner'F48 Energy recovery
mod1. append MW_ egr=MW_ mp+MW_ cp+MW_ rp-MW_ ldf-MW_ ner'F47 Non-enery recovery
'* *
'废纸回收率
mod1. append WPR=RCO/TPC'废纸回收率
mod1. append WUR=RCO/TPP'废纸利用率
'eta=M_ p/M_ s eta=回收率，M_ p=用于生产的部分，M_ s=物质供给
'* *
'能源及弹排放计算
'* *
'1 废纸
'(1)制浆能源消耗
mod1. append ITRP=RPFC * IT_ RP'生产废纸浆消耗的总热能
mod1. append IERP=RPFC * IE_ RP'生产废纸浆消耗的总电能
mod1. append
'(2)制浆能源生产
mod1. append OTRP=RPFC * OT_ RP'生产废纸浆产生的总热能
mod1. append OERP=RPFC * OE_ RP'生产废纸浆产生的总电能
'(3)造纸过程
mod1. append ITRPM=TRPP * IT_ PM'再生木浆造纸能源热能消耗
mod1. append IERPM=TRPP * IE_ PM'再生木浆造纸能源电能消耗

'(4)能源净能源消耗量

mod1. append CTRP=ITRP+ITRPM-OTRP'生产废纸浆热能净消耗量

mod1. append CERP=IERP+ITRPM-OERP'生产废纸浆电能净消耗量

'(5)CO2 排放量

mod1. append CO2_ RP=(CO2T * CTRP+CO2E * CERP)/1000'废纸造纸 CO2 排放总量(t)

mod1. append MCO2_ RP=CO2_ RP/TRPP'废纸造纸 CO2 单位排放量(t)

'* *

'2 化学木浆

'(1)能源消耗

mod1. append WTCP=wood_ cp * IEW'化学木浆消耗原木能源消耗

mod1. append ITCP=CPC * IT_ CP'生产化学木浆消耗的总热能

mod1. append IECP=CPC * IE_ CP'生产化学木浆消耗的总电能

'(2)能源生产

mod1. append OTCP=CPC * OT_ CP'生产化学木浆产生的总热能

mod1. append OECP=CPC * OE_ CP'生产化学木浆产生的总电能

'(3)造纸过程

mod1. append ITCPM=TCPP * IT_ PM'化学木浆造纸能源热能消耗

mod1. append IECPM=TCPP * IE_ PM'化学木浆造纸能源电能消耗

'(4)能源净能源消耗量

mod1. append CTCP=ITCP+ITCPM-OTCP'化学木浆造纸热能净消耗量

mod1. append CECP=IECP+IECPM-OECP'化学木浆造纸电能净消耗量

'(5)CO2 排放量

mod1. append CO2_ WC=wood_ cp * CO2W'化学木浆消耗的森林资源变化 CO2 量

if ! forest=1 then

' 森林培育　森林变化　热能　　　电能

mod1. append CO2_ CP=(CO2T * WTCP + CO2_ WC+ CO2T * CTCP + CO2E * CECP)/1000'化学木浆造纸 CO2 排放总量(t)

else

mod1. append CO2_ CP=(　CO2T * CTCP + CO2E * CECP)/1000'化学木浆造纸 CO2 排放总量(t)

```
endif
mod1. append MCO2_ CP=CO2_ CP/TCPP'化学木浆造纸单位 CO2 排放量(t)
'* * * * * * * * * * * * * * * * * * * * * * * * * * * * * * * * *
'3 机械木浆
'(1)能源消耗
mod1. append WTMP=wood_ mp * IEW'机械木浆消耗原木能源消耗
mod1. append ITMP=MPC * IT_ MP'生产机械木浆消耗的总热能
mod1. append IEMP=MPC * IE_ MP'生产机械木浆消耗的总电能
'(2)能源生产
mod1. append OTMP=MPC * OT_ MP'生产机械木浆生产的总热能
mod1. append OEMP=MPC * OE_ MP'生产机械木浆生产的总电能
'(3)造纸过程
mod1. append ITMPM=TMPP * IT_ PM'机械木浆造纸能源热能消耗
mod1. append IEMPM=TMPP * IE_ PM'机械木浆造纸能源电能消耗
'(4)能源净能源消耗量
mod1. append CTMP=ITMP+ITMPM-OTMP'生产机械木浆热能净消耗量
mod1. append CEMP=IEMP+IEMPM-OEMP'生产机械木浆电能净消耗量
'(5)CO2 排放量
mod1. append CO2_ WM=wood_ mp * CO2W'机械木浆消耗的森林资源变化
CO2 量

if ! forest=1 then
'       森林培育     森林变化     热能             电能
mod1. append CO2_ MP=( WTMP * CO2T + CO2_ WM + CO2T * CTMP +
CO2E * CEMP)/1000'机械木浆造纸 CO2 排放总量(t)
else
mod1. append CO2_ MP=(       CO2T * CTMP + CO2E * CEMP)/1000'机械木浆
造纸 CO2 排放总量(t)
endif
mod1. append MCO2_ MP=CO2_ MP/TMPP
'* * * * * * * * * * * * * * * * * * * * * * * * * * * * * * * * *
'4 非木质纤维
```

```
'(1)造纸过程能源消耗
mod1.append ITNF=(NPP_ nf+PWP_ nf+SHP_ nf+PKP_ nf+OPP_ nf) * IT_PM'非木质纤维热能消耗量
mod1.append IENF=(NPP_ nf+PWP_ nf+SHP_ nf+PKP_ nf+OPP_ nf) * IE_PM'非木质纤维电能消耗量
'(2)造纸过程 CO2 排放量
mod1.append CO2_ NF=(CO2T * ITNF+CO2E * IENF)/1000'造纸 CO2 排放量(t)
'*******************************
'5 纸制品消费
'(1)F43 能源回收量及 CO2 排放
mod1.append OE_ EGR=EGR * OE_ RI'能源回收产生电能(kWh/t)
mod1.append CO2_ EGR=OE_ EGR * CO2E/1000'能源回收减少 CO2 排放量(t)
'(2)F44 纸质消费后的焚烧
mod1.append CO2_ INC=INC * OE_ RI * CO2E/1000'焚烧产生 CO2 排放量
'*******************************
'CO2 排放量
'(3.1)生产碳排放总量(t)
'       废纸   化学木浆   机械木浆  非木质纤维
mod1.append PCO2= CO2_ RP + CO2_ CP +  CO2_ MP +  CO2_ NF
mod1.append PMCO2=PCO2/TPP'单位纸制品生产碳排放量(t)

'(3.2) 消费碳排放总量(t)
'  生产碳排放量  能源回收    消费焚烧
mod1.append CCO2=       PCO2       - CO2_ EGR+   CO2_ INC
mod1.append CMCO2=CCO2/TPC'消费单位纸制品消费碳排放量(t)
'*********
'模拟情景 1
'*********
'*******************************
genr thet_ cp_ s1=0.40'chemical pulping yield ratio(0.40 0.55))
```

```
genr thet_ mp_ s1=0.90'mechanical pulping yield ratio(0.90, 0.95 )
genr thet_ rp_ s1=0.73'recycled pulping yield ratio(0.73, 0.89)
genr NAS_ s1=0.06'addition to stock as fraction of consumption(0.06, 0.12)
mod1.scenario(n, a=s1) sim_ s1
mod1.override thet_ cp thet_ mp thet_ rp NAS
'*********************************
'*********
'模拟情景 2
'*********
mod1.scenario(n, a=s2, i=sim_ s1) sim_ s2
mod1.scenario(c) sim_ s1
mod1.override thet_ cp_ s1 thet_ mp_ s1 thet_ rp_ s1 NAS_ s1
genr thet_ cp_ s2=0.55'chemical pulping yield ratio(0.40, 0.55)
genr thet_ mp_ s2=0.95'mechanical pulping yield ratio(0.90, 0.95)
genr thet_ rp_ s2=0.89'recycled pulping yield ratio(0.73, 0.89)
genr NAS_ s2=0.12'addition to stock as fraction of consumption(0.06, 0.12)
smpl 1996 @ last
mod1.solve(a=t)
mod1.makegraph(c) gfs01 @ endog
mod1.makegraph(c) gfs02 PCO2 PMCO2 CCO2 CMCO2
gfs02.align(2, 1, 1)
mod1.makegraph(c) gfs03 MCO2_ RP MCO2_ CP MCO2_ MP
gfs03.align(2, 1, 1)
'*********************************
'*********************
'模拟情景：蒙特卡洛模拟
'*********************
mod1.scenario(n, a=s3, i=sim_ s1) sim_ s3
group g1
group g2
group g3
group g4
```

```
group g5
group g6
rndseed 1234567
include "G: \ 使用资料 \ 学习 \ Eviews 资料 \ EViews files \ program \ 三角分布 . prg"
vector(n) vbeta1
vector(n) vbeta2
vector(n) vbeta3
vector(n) vbeta4
'beta1
call TriAng(0.4,    0.55, 0.48, n, vbeta1) 'chemical pulping yield ratio(0.40, 0.55)
'beta2
call TriAng(0.9,    0.95, 0.93, n, vbeta2)'mechanical pulping yield ratio(0.90, 0.95)
'beta3
call TriAng(0.73, 0.89, 0.81, n, vbeta3)'recycled pulping yield ratio(0.73, 0.89)
'beta4
call TriAng(0.06, 0.12, 0.09, n, vbeta4)'addition to stock as fraction of consumption(0.06, 0.12)

for ! i=1 to n step 1
mod1.override thet_ cp thet_ mp thet_ rp NAS
'table 1 Yield ratio for pulping and papermaking Monte Carlo simulation
! beta1=vbeta1(! i)
! beta2=vbeta2(! i)
! beta3=vbeta3(! i)
! beta4=vbeta4(! i)
genr thet_ cp_ s3=! beta1
genr thet_ mp_ s3=! beta2
genr thet_ rp_ s3=! beta3
```

```
genr NAS_ s3 =! beta4
mod1.solve
genr PCO2_ {! i} =PCO2_ s3
genr PMCO2_ {! i} =PMCO2_ s3
genr CCO2_ {! i} =CCO2_ s3
genr CMCO2_ {! i} =CMCO2_ s3
genr WUR_ {! i} =WUR_ S3
genr WPR_ {! i} =WPR_ S3
g1.add PCO2_ {! i}
g2.add PMCO2_ {! i}
g3.add CCO2_ {! i}
g4.add CMCO2_ {! i}
g5.add WUR_ {! i}
g6.add WPR_ {! i}
next
stom(g1, m1)'生产纸制品碳排放总量(t)
stom(g2, m2)'单位产出碳排放量(t/t)
stom(g3, m3)'消费纸制品碳排放总量(t)
stom(g4, m4)'单位消费碳排放量(t/t)
stom(g5, m5)'废纸利用率
stom(g6, m6)'真实废纸回收率

genr PCO2M =@ rmean(g2)
genr CCO2M =@ rmean(g4)
genr WURM =@ rmean(g5)'废纸利用率
genr WPRM =@ rmean(g6)'真实废纸回收率
delete PCO2_ * PMCO2_ * CCO2_ * CMCO2_ * WUR_ * WPR_ * g1 g2
g3 g4 g5 g6

'绘图
freeze(gfs04) m1.line
gfs04.legend -display
```

```
gfs04. addtext(l, textcolor(@rgb(0, 0, 0)), fillcolor(@rgb(255, 255, 255)), framecolor(@rgb(0, 0, 0)), just(l), font(Arial, 10, -b, -i, -u, -s)) "纸制品生产碳排放量(t)"
freeze(gfs05) m2. line
gfs05. legend -display
gfs05. addtext(l, textcolor(@rgb(0, 0, 0)), fillcolor(@rgb(255, 255, 255)), framecolor(@rgb(0, 0, 0)), just(l), font(Arial, 10, -b, -i, -u, -s)) "单位纸制品碳排放量(t)"
graph gf01. merge gfs03 gfs04
gf01. align(2, 1, 1)
freeze(gfs06) m3. line
gfs06. legend -display
freeze(gfs07) m4. line
gfs07. legend -display
graph gf02. scat WURM PCO2M
graph gf03. scat WPRM PCO2M
graph gf04. scat WURM WPRM
graph gf05. scat WURM CCO2M
graph gf06. scat WPRM CCO2M
graph gf07. scat WURM WPRM
graph gf08. merge gf02 gf03 gf04 gf05 gf06 gf07
gf08. align(3, 1, 1)
delete gf02 gf03 gf04 gf05 gf06 gf07
'-----------------------------------------------------------
'计算时间
toc
```

2 三角法图示及计算结果

由突发事件引发的经济影响也会经历先下降再回升两个阶段，因此，三角法也应适用于拟合突发事件对经济的影响过程。基于 GDP 增长率描述了 2008 年全球金融危机对某国总体经济的影响，同时，为避免趋势对数据稳定性的影响，研究对 GDP 增长率进行了长波的滤波平滑处理(附录图 2.1)。图中三角形 ABD 是对本次金融危机造成的经济影响的拟合，其中三角形 ABC 是对经济衰退阶段的拟合，三角形 BCD 是对经济恢复阶段的拟合。顶点 A 为金融危机的起始点，顶点 D 为金融危机的结束点，顶点 C 为经济衰退的最低点，高 BC 为经济衰退程度，AD 为金融危机的整体持续时间，AB 为经济衰退阶段的持续时间，BD 为经济恢复阶段的持续时间，AB 为衰退过程的拟合路径，AD 为恢复过程的拟合路径，三角形 ABD 的面积近似代表 2008 年金融危机造成的累计经济损失。研究计算出了近 30 年所有衰退(附录图 2.4)，利用这些计算结果进行蒙特卡洛模拟预测 COVID-19 引发的经济衰退。

与已有拟合方法相比，三角法可以更准确的拟合突发事件的经济影响过程。已有研究对突发事件的拟合多采用特定时点一次性冲击的模拟方式，即在金融危机的起始点(A 点)一次性完成冲击，使经济水平瞬时衰退到最低点，并在整个金融危机期间维持该最低水平，直至金融危机结束点(D 点)，经济水平重新回到正常水平，因此形成矩形的拟合路径，无法体现金融危机的影响过程，拟合的准确度也较低。而三角法描述了金融危机期间经济衰退和恢复的过程，与 GDP 增长率的实际变化路径更为接近，可以更准确地拟合金融危机的全过程和影响结果。例如，图 2.2 中拟合三角形 ABD 的 AC 边完全拟合了金融危机期间经济的衰退过程，CD 边也较好地拟合了经济的恢复过程。此外，三角法可以实现灵活的模拟情景设置。当预测一个突发事件的影响时，可以利用历史数据对以往相似突发事件进行三角法拟合，并以此拟合结果作为参照，设置待预测突发事件的拟合三角参数，其中包括持续时间、衰退程度、衰退速度、衰退期及恢复期持续时间。根据与参照事件的对比，可以通过调整拟合三角形的各点位置设置不同的模拟情景。其中，改变 D 的位置可以调整金融危机的持续时长，改变 BC 的长度可以调整衰退的程度。在持续时间和衰退程度固定的情况下，即 AD 和 BC 的长度固定，调整 B 的时点位置可以调整经济的衰退和恢复速度。因此，通过对拟合三角 A，B，C 和 D 点设置的不同组合可以实现对不同预测情景的模拟，使预测的情景设置更为灵活、合理，提高预测的全面性和准确性。

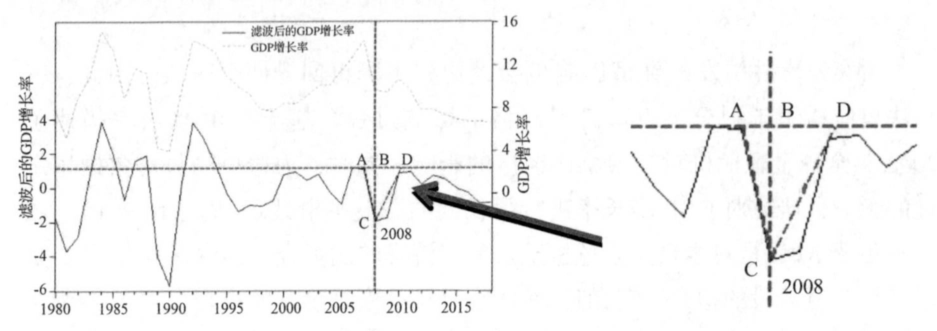

图 2.1　GDP 增长率　　　　图 2.2　2008 年金融危机的三角拟合

三角法是基于转折点构建拟合三角形的，因此转折点的识别是三角法应用的重点。本研究以滤波后的 GDP 增长率变化趋势的拐点作为识别转折点的基准。拐点是序列变化趋势发生符号变化的点，即序列的一阶导数在拐点时刻发生了符号的改变，其中 GDP 增长率由上升转为下降的拐点，是局部最大值，即波峰(突发事件的起始点和结束点)，GDP 增长率由下降转为上升的拐点，是局部最小值，即波谷(经济衰退的最低点)。一阶差分描述了序列的变化趋势，正的一阶差分值代表增长，负的一阶差分值代表降低，一阶差分值发生符号变化的点即为拐点。因此，为确认拐点，本研究首先对 GDP 增长率进行了一阶差分，然后根据一阶差分序列的各点符号形成拐点识别序列，其中一阶差分值由正号变为负号的点赋值 1，由负号变为正号的点赋值-1，未发生符号变化的点赋值 0(图 2.3)。在由-1，0 和 1 构成的拐点识别序列中，取值为 1 的点对应波峰时间点，取值为-1 的点对应波谷时间点。最后，以拐点识别序列标记的波峰和波谷时间点对应标记 GDP 变化率的波峰和波谷。两个相邻的波峰和其中包含的波谷构成了拟合三角的三个基本点，其中两个相邻波峰的水平距离代表突发事件的持续时间，两个相邻波峰的均值与波谷的差值代表经济衰退程度。

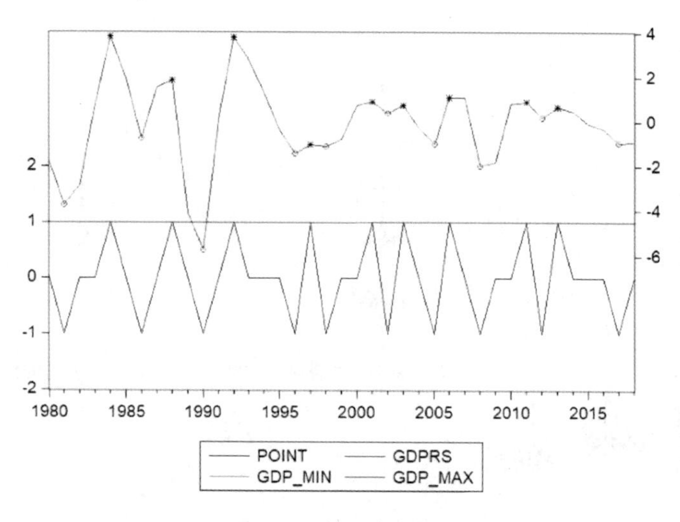

图 2.3　转折点识别

研究首先使用非对称滤波器，通过指定其持续时间的 3 到 10 年范围来分离 GDPR 序列的周期性分量；然后，使用转折点方法识别了 1980 年以来 153 个国家或地区的所有历史衰退，并在图 2.4 中描绘了每个国家/地区的衰退的三个主要特征，包括衰退的幅度，衰退阶段的持续时间和持续恢复阶段时间。由于 153 个国家/地区的历史衰退的三个特征的分布与正态分布有显著差异，研究使用中位数、最大值和最小值来大致描述每个国家/地区的历史衰退的特征。对于每个国家的经济衰退幅度，中位数在 1%到 27%之间，集中在 3%左右。最大值从 2%到 48%的分布，集中在 7%左右，而最小值从 1%到 7%分布更紧密，集中在 1%左右。就每个国家经济衰退阶段的持续时间而言，中位数为 1 至 3 年，其中 90%以上的国家为 2 年。最大值呈现四峰分布，大多数位于 2、3、4 年和 5 年左右，而最小值呈现两峰分布并集中在 1 和 2 年左右。每个国家和地区的复苏阶段持续时间的中位数以及最大值和最小值的分布与衰退阶段持续时间的分布模式相似，中位数位于 2 年左右，最大值分布在 2 年峰值的四分之一附近，及 3、4 和 5 年处，最小值分别在 1 年和 2 年的两个峰值附近分布。

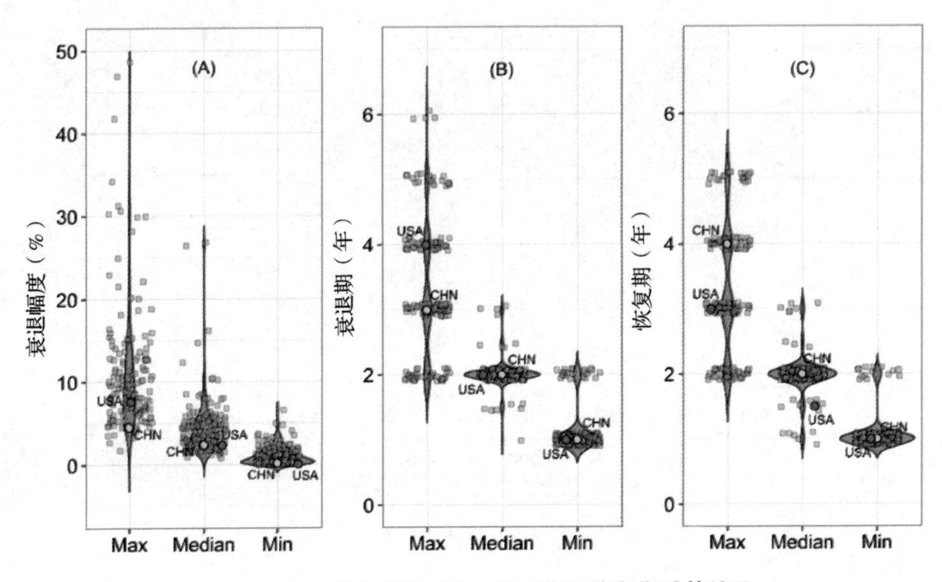

图 2.4　近 30 经济衰退幅度、衰退期和恢复期计算结果

3 废纸回收率和利用率变化趋势

表 3.1 三种情景下废纸回收率和利用率

	年份	样本数据	悲观		基准		乐观	
			Mean	Std. Dev.	Mean	Std. Dev.	Mean	Std. Dev.
废纸回收率	2015	1000	0. 70485	0. 03056	0. 70485	0. 03056	0. 70485	0. 03056
	2016	1000	0. 70506	0. 03059	0. 70506	0. 03059	0. 70506	0. 03059
	2017	1000	0. 67211	0. 02921	0. 67211	0. 02921	0. 67211	0. 02921
	2018	1000	0. 68201	0. 02963	0. 67389	0. 02926	0. 68800	0. 02988
	2019	1000	0. 68587	0. 02979	0. 67892	0. 02947	0. 69180	0. 03003
	2020	1000	0. 68722	0. 02985	0. 68365	0. 02967	0. 69558	0. 03019
	2021	1000	0. 68862	0. 02991	0. 68834	0. 02986	0. 69927	0. 03034
	2022	1000	0. 69015	0. 02997	0. 69294	0. 03005	0. 70288	0. 03048
	2023	1000	0. 69178	0. 03004	0. 69425	0. 03010	0. 70645	0. 03063
	2024	1000	0. 69351	0. 03011	0. 69490	0. 03012	0. 70995	0. 03077
	2025	1000	0. 69535	0. 03019	0. 69560	0. 03015	0. 71338	0. 03091
	2026	1000	0. 69730	0. 03028	0. 69657	0. 03018	0. 71673	0. 03105
	2027	1000	0. 69937	0. 03036	0. 69741	0. 03021	0. 72001	0. 03118
	2028	1000	0. 70156	0. 03046	0. 69851	0. 03025	0. 72325	0. 03131
	2029	1000	0. 70342	0. 03054	0. 69982	0. 03030	0. 72602	0. 03142
	2030	1000	0. 70490	0. 03060	0. 70131	0. 03036	0. 72883	0. 03153

（续）

	年份	样本数据	悲观		基准		乐观	
			Mean	Std. Dev.	Mean	Std. Dev.	Mean	Std. Dev.
废纸利用率	2015	1000	0.68640	0.02976	0.68640	0.02976	0.68640	0.02976
	2016	1000	0.68192	0.02958	0.68192	0.02958	0.68192	0.02958
	2017	1000	0.66348	0.02884	0.66348	0.02884	0.66348	0.02884
	2018	1000	0.66778	0.02901	0.67195	0.02918	0.67220	0.02919
	2019	1000	0.67085	0.02914	0.67495	0.02930	0.67521	0.02931
	2020	1000	0.67120	0.02915	0.67773	0.02941	0.67828	0.02943
	2021	1000	0.67150	0.02916	0.68062	0.02953	0.68132	0.02956
	2022	1000	0.67185	0.02918	0.68358	0.02965	0.68432	0.02968
	2023	1000	0.67223	0.02919	0.68612	0.02975	0.68730	0.02980
	2024	1000	0.67264	0.02921	0.68863	0.02985	0.69024	0.02992
	2025	1000	0.67306	0.02922	0.69101	0.02995	0.69324	0.03004
	2026	1000	0.67351	0.02924	0.69338	0.03004	0.69617	0.03016
	2027	1000	0.67399	0.02926	0.69569	0.03014	0.69905	0.03027
	2028	1000	0.67450	0.02928	0.69800	0.03023	0.70190	0.03039
	2029	1000	0.67493	0.02930	0.70032	0.03032	0.70481	0.03050
	2030	1000	0.67528	0.02931	0.70266	0.03042	0.70771	0.03062

数据来源：GFPM 和 LCA 模型计算获得。

表 3.2　造纸产业碳排放预测结果

		无森林资源								森林资源							
		生产碳排放总量（万吨）		生产变化率		消费碳排放总量（万吨）		消费变化率		生产碳排放总量（万吨）		生产变化率		消费碳排放总量（万吨）		消费变化率	
情景	年份	均值	标准差	均值	标准差	均值	标准差	均值	标准差	均值	标准差	均值	标准差	均值	标准差	均值	标准差
基准	2015	108000	8737.516	0.02015	0.10945	107000	8737	0.0199	0.1101	204000	10884.012	0.04500	0.05858	203000	10878.646	0.04495	0.05877
基准	2020	131000	10490.431	0.02839	0.11238	130000	10490	0.0285	0.1131	253000	13211.341	0.02342	0.05758	252000	13205.549	0.02347	0.05776
基准	2025	190000	14643.999	0.09941	0.11148	189000	14645	0.0994	0.1122	359000	18816.239	0.09521	0.05860	357000	18810.404	0.09521	0.05881
基准	2030	308000	22365.002	0.10002	0.11218	306000	22376	0.1002	0.1129	571000	28958.536	0.09414	0.06014	569000	28956.218	0.09420	0.06036
悲观	2015	108000	8737.516	0.02015	0.10945	107000	8737	0.0199	0.1101	204000	10884.012	0.04500	0.05858	203000	10878.646	0.04495	0.05877
悲观	2020	128000	10226.265	0.00339	0.11195	127000	10226	0.0034	0.1127	258000	13426.754	0.03531	0.05756	257000	13421.067	0.03533	0.05773
悲观	2025	129000	10192.168	0.00263	0.11380	128000	10193	0.0027	0.1146	314000	16405.088	0.04464	0.05847	313000	16400.302	0.04468	0.05866
悲观	2030	130000	9847.415	0.00609	0.11647	129000	9852	0.0062	0.1172	391000	19586.283	0.04554	0.05979	390000	19585.177	0.04561	0.05997
乐观	2015	108000	8737.516	0.02015	0.10945	107000	8737	0.0199	0.1101	204000	10884.012	0.04500	0.05858	203000	10878.646	0.04495	0.05877
乐观	2020	133000	10665.06	0.04091	0.11224	132000	10665	0.0410	0.1129	258000	13426.754	0.03531	0.05756	257000	13421.067	0.03533	0.05773
乐观	2025	168000	12795.282	0.05097	0.11052	167000	12797	0.0511	0.1112	314000	16405.088	0.04464	0.05847	313000	16400.302	0.04468	0.05866
乐观	2030	215000	15207.892	0.05345	0.10963	213000	15216	0.0536	0.1103	391000	19586.283	0.04554	0.05979	390000	19585.177	0.04561	0.05997

（续）

		无森林资源								森林资源							
		单位生产碳排放量（吨）		单位生产变化率		单位消费碳排放量（吨）		单位消费变化率		单位生产碳排放量（吨）		单位生产变化率		单位消费碳排放量（吨）		单位消费变化率	
情景	年份	均值	标准差	均值	标准差	均值	标准差	均值	标准差	均值	标准差	均值	标准差	均值	标准差	均值	标准差
基准	2015	1.0089	0.0816	−0.0025	0.1095	1.0298	0.0838	−0.0077	0.1101	1.9005	0.1016	0.0223	0.0586	1.9454	0.1043	0.0174	0.0588
基准	2020	0.9961	0.0799	0.0001	0.1124	0.9979	0.0806	0.0030	0.1131	1.9283	0.1006	−0.0049	0.0576	1.9382	0.1014	−0.0020	0.0578
基准	2025	1.0016	0.0773	0.0010	0.1115	1.0018	0.0778	−0.0014	0.1122	1.8921	0.0993	−0.0032	0.0586	1.8982	0.0999	−0.0057	0.0588
基准	2030	1.0010	0.0727	0.0044	0.1122	0.9927	0.0726	0.0033	0.1129	1.8576	0.0942	−0.0015	0.0601	1.8478	0.0940	−0.0026	0.0604
悲观	2015	1.0089	0.0816	−0.0025	0.1095	1.0298	0.0838	−0.0077	0.1101	1.9005	0.1016	0.0223	0.0586	1.9454	0.1043	0.0174	0.0588
悲观	2020	1.0006	0.0802	−0.0004	0.1119	1.0177	0.0821	0.0011	0.1127	1.9261	0.1004	−0.0055	0.0576	1.9687	0.1029	−0.0045	0.0577
悲观	2025	1.0050	0.0793	0.0009	0.1138	1.0318	0.0819	0.0031	0.1146	1.8799	0.0982	−0.0051	0.0585	1.9286	0.1010	−0.0045	0.0587
悲观	2030	1.0037	0.0759	0.0046	0.1165	1.0415	0.0793	0.0063	0.1172	1.8289	0.0916	−0.0034	0.0598	1.8780	0.0943	−0.0036	0.0600
乐观	2015	1.0089	0.0816	−0.0025	0.1095	1.0298	0.0838	−0.0077	0.1101	1.9005	0.1016	0.0223	0.0586	1.9454	0.1043	0.0174	0.0588
乐观	2020	0.9962	0.0798	0.0001	0.1122	1.0151	0.0818	0.0012	0.1129	1.9261	0.1004	−0.0055	0.0576	1.9687	0.1029	−0.0045	0.0577
乐观	2025	1.0026	0.0766	0.0013	0.1105	1.0258	0.0788	0.0019	0.1112	1.8799	0.0982	−0.0051	0.0585	1.9286	0.1010	−0.0045	0.0587
乐观	2030	1.0033	0.0711	0.0045	0.1096	1.0278	0.0733	0.0044	0.1103	1.8289	0.0916	−0.0034	0.0598	1.8780	0.0943	−0.0036	0.0600

表 3.3 变量 DGP 识别结果

变量	CONPA		CONCA		COSPA	
(d=0,c=1,t=1)	0.94649***(0.01873)	0.00226***(0.00082)	0.78684***(0.05256)	0.00948***(0.00235)	1.33622***(0.09809)	0.02112***(0.00496)
(d=1,c=1,t=0)	0.00298 (0.00209)		0.00993*(0.00512)		0.01607 (0.01582)	
(d=1,c=1,t=1)	0.00902*(0.00522)	−0.00034 (0.00022)	0.02658**(0.01130)	−4.465E−07	0.04219 (0.04855)	−0.00149 (0.00202)
(d=2,c=1,t=0)	0.00039 (0.00153)		0.00095 (0.00335)		0.00886 (0.01533)	
变量	COSCA	WUR	WRR			
(d=0,c=1,t=1)	1.12009***(0.12881)	0.03144***(0.00657)	0.43902***(0.05076)	0.01004***(0.00221)	0.37661***(0.06185)	0.01323***(0.00272)
(d=1,c=1,t=0)	0.02614 (0.01679)		0.01038**(0.00480)		0.01324**(0.00594)	
(d=1,c=1,t=1)	0.06748 (0.04738)	−0.00236 (0.00199)	0.02507**(0.01041)	−3.612E−07	0.03151**(0.01243)	−0.00104**(0.00050)
(d=2,c=1,t=0)	0.00759 (0.01459)		0.00139 (0.00308)		0.00131 (0.00331)	
变量	CONPAR	CONCAR	COSPAR			
(d=0,c=1,t=1)	0.00952 (0.00569)	−0.00037 (0.00024)	0.03219**(0.01528)	−7.488E−07	0.02689 (0.03968)	−0.00094 (0.00165)
(d=1,c=1,t=0)	0.00042 (0.00166)		0.00134 (0.00439)		0.00793 (0.01279)	
(d=1,c=1,t=1)	0.00165 (0.00609)	−0.00007 (0.00025)	0.00748 (0.01547)	−0.00034 (0.00063)	0.03755 (0.04825)	−0.00165 (0.00201)
(d=2,c=1,t=0)	0.00021 (0.00191)		−0.00079 (0.00455)		−0.00958 (0.01107)	
variable	COSCAR	WURR	WRRR			
(d=0,c=1,t=1)	0.04910 (0.04936)	−0.00173 (0.00207)	0.05236*(0.02616)	−0.00183 (0.00109)	0.07335**(0.03522)	−3.7668E−06
(d=1,c=1,t=0)	0.00902 (0.01545)		0.00403 (0.00818)		0.00486 (0.01008)	
(d=1,c=1,t=1)	0.04406 (0.05782)	−0.00195 (0.00241)	0.02094 (0.03034)	−0.00094 (0.00126)	0.02626 (0.03642)	−0.00119 (0.00151)
(d=2,c=1,t=0)	−0.01079 (0.01354)		−0.00428 (0.00787)		−0.00519 (0.00793)	